K 科学计量与知识图谱系列丛书

丛书主编：李 杰

Springer

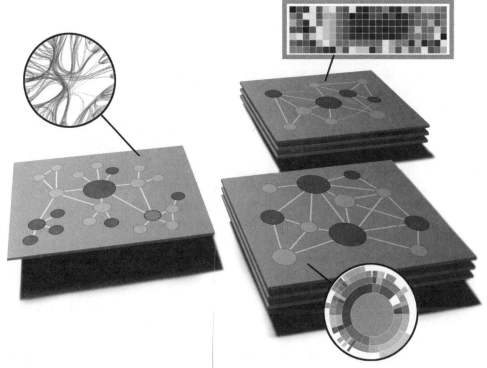

［意］曼里奥·德·多梅尼科（Manlio De Domenico）◎ 著

梁国强 李 杰 邢李志 ◎ 译

赵 星 ◎ 审 译

muxViz
多层网络分析与可视化

Multilayer Networks:
Analysis and Visualization
Introduction to muxViz with R

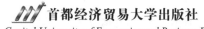

首都经济贸易大学出版社
Capital University of Economics and Business Press
·北 京·

图书在版编目（CIP）数据

muxViz：多层网络分析与可视化 /（意）曼里奥·德·多梅尼科著；
梁国强，李杰，邢李志译. -- 北京：首都经济贸易大学出版社，2023.2
ISBN 978-7-5638-3486-0

Ⅰ.①m… Ⅱ.①曼… ②梁… ③李… ④邢… Ⅲ.①计算机网络—网络
分析 Ⅳ.①TP393.021

中国国家版本馆CIP数据核字（2023）第030806号

Multilayer Networks：Analysis and Visualization
Introduction to muxViz with R
Copyright © Springer Nature Switzerland AG 2022
根据Springer Nature Switzerland AG 2022年版翻译
著作权合同登记号
图字01-2023-2897

muxViz：多层网络分析与可视化
［意］曼里奥·德·多梅尼科（Manlio De Domenico） 著
梁国强 李杰 邢李志 译
muxViz：Duoceng Wangluo Fenxi Yu Keshihua

责任编辑 浩 南
封面设计 砚祥志远·激光照排
TEL：010-65976003
出版发行 首都经济贸易大学出版社
地 址 北京市朝阳区红庙（邮编100026）
电 话 （010）65976483 65065761 65071505（传真）
网 址 http://www.sjmcb.com
E - mail publish@cueb.edu.cn
经 销 全国新华书店
照 排 北京砚祥志远激光照排技术有限公司
印 刷 东港股份有限公司
成品尺寸 170毫米×240毫米 1/16
字 数 169千字
印 张 9.75
版 次 2023年7月第1版 2023年8月第1次印刷
书 号 ISBN 978-7-5638-3486-0
定 价 58.00元

科学计量与知识图谱系列丛书

丛书顾问

邱均平 蒋国华 Nees Jan van Eck Ludo Waltman

丛书编委会

主 编 李 杰

编 委 （按拼音排序）

步 一 陈凯华 陈云伟 陈 悦 杜 建 付慧真 侯剑华

胡志刚 黄 颖 黄海瑛 李 睿 梁国强 刘桂锋 刘维树

刘晓娟 冉从敬 舒 非 宋艳辉 唐 莉 魏瑞斌 吴登生

许海云 杨立英 杨思洛 余厚强 余云龙 俞立平 袁军鹏

曾 利 张 琳 张 薇 章成志 赵 星 赵 勇 赵丹群

周春雷

科学计量与知识图谱丛书

◎ BibExcel 科学计量与知识网络分析（第三版）

◎ CiteSpace 科技文本挖掘及可视化（第三版）

◎ Gephi 网络可视化导论

◎ Python 科学计量数据可视化

◎ R 科学计量数据可视化（第二版）

◎ VOSviewer 科学知识图谱原理及应用

◎ 科学计量学手册

◎ 科学学的起源

◎ 科学知识图谱导论

◎ 引文网络分析与可视化（译）

◎ muxViz：多层网络分析与可视化（译）

◎ 专利计量与数据可视化

致中国读者的信 ❶

从社交网络到大脑神经网络，网络已广泛用于对各学科的现象进行建模。在过去的 20 年里，网络科学的跨学科特征迅速受到关注，为各领域复杂系统的分析和建模提供了独特见解，包括物理科学、生命科学、社会科学和应用科学。

尽管网络科学作为一个研究领域只有 20 余年，但却经历了重大的变化。这些变化是由各学科和应用数学之间的知识交叉驱动的。该领域已经从由社会科学家和生物学家开创，发展到吸引了一批具有跨学科心态、有远见的物理学家，他们为网络科学的发展做出了巨大的贡献。目前，网络科学已成为分析复杂系统（各单元之间同时存在多种类型的相互作用和相互依存关系）的基本工具。

然而，以往的经典方法不足以描述和解释多层网络的复杂性，即不同层之间同时存在相互作用。尽管有许多出版物和一些专门介绍这个新框架的书籍，但关于多层网络数据科学的文献仍然缺失。为填补这一空白，本书为多层网络分析和可视化在各领域的应用提供了实例，例如在城市交通、人类流动性、计算社会科学、神经科学、分子医学和数字人文科学领域。

作为一名复杂系统科学家，我相信为研究复杂系统而开发的这些方法，正在彻底变革我们研究物理世界的方法。这场变革正被一些以往与物理学关系不大的学科积极接受，例如网络医学、金融物理学、社会物理学。即便计算机科学中的最新进展如人工智能，也逐渐开始从物理学家开发的标准概念中受益。

本书面向愿意接受复杂科学训练的下一代物理学家、计算生物学家和计算机科学家。由于我们生活在一个理论技能和计算技能兼修的复杂时代，因此本书旨在为读者提供计算工具背后的一些基础理论，以及分析现实世界的示例。应该注意的是，对多层网络科学相关理论有更高要求的读者不能只局限于此，而是应该

---

❶ 受李杰博士邀请，曼里奥·德·多梅尼科博士于 2023 年 5 月 1 日撰写此信。

把本书视为一种补充。

　　本书描述了一个名为 muxViz 的工具作为相关理论的补充，它是一套基于用 R 编写的大型函数库的可视化工具。MuxViz 是为多层系统的分析和可视化而开发的，是过去 10 年推动多层网络科学发展的跨学科努力的结晶。

曼里奥·德·多梅尼科 博士

帕多瓦大学物理和天文学系"伽利略"应用物理学副教授

复杂多层网络（CoMu Ne）实验室负责人

2023 年 5 月 1 日

Letter to Chinese Readers

From social networks to neural networks in our brains, networks have been used to model various phenomena across multiple disciplines. The interdisciplinary field of network science has rapidly gained attention over the last two decades, offering unique insights into the analysis and modeling of complex systems that span all domains of knowledge, including physical, life, social, and applied sciences.

Despite being a field that has been around for more than two decades, network science has undergone significant transformations over the years. These transformations have been driven by cross-fertilization between various disciplines and applied mathematics. The field has evolved from being pioneered by social scientists and biologists to attracting visionary physicists with interdisciplinary mindsets, who have contributed immensely to building what is now known as network science. It has become a fundamental tool for analyzing complex systems that are characterized by multiple types of simultaneous interactions among units and interdependencies.

However, classical methods developed by network scientists are not enough to describe and account for the complexity of multilayer networks, which are characterized by simultaneous interactions among different layers. Despite numerous publications and some volumes dedicated to this novel framework, a comprehensive text on the data science of multilayer networks is still missing. To fill this gap, this book aims to provide practical recipes for the analysis and visualization of empirical multilayer networks in a wide range of applications, such as in urban transport, human mobility, computational social sciences, neuroscience, molecular medicine, and digital humanities.

As a complex systems scientist, I am convinced that methodologies developed to study complex systems are revolutionizing our approach to studying the physical world. This revolution is being embraced positively by several disciplines traditionally not related to physics, such as systems biology, social sciences, and emerging fields like network medicine, econophysics, and social physics. Even the most recent advances in computer science, such as artificial intelligence, are starting to benefit from standard concepts developed by physicists.

The book is aimed at the next generation of physicists, computational biologists and computer scientists willing to train in Complexity Science. As we live in the century of complexity, which requires both theoretical and computational skills, the book aims to provide readers with a basic theoretical foundation behind the computational tool that is used, as well as practical guidelines and examples to use them for analyzing the real world. It should be noted that the reader interested in a broader theoretical overview of multilayer network science cannot be satisfied only by this work, which should instead be considered as complementary to textbooks dedicated to that specific purpose.

This book complements the theoretical tools by describing a computational framework called muxViz, a set of visual tools based on a large library of functions written in R. MuxViz was developed for the analysis and visualization of multilayer systems and is a testament to the interdisciplinary mindset and efforts that have driven multilayer network science in the last decade.

Manlio De Domenico, Ph.D.
Associate Professor of Applied Physics
Dept. of Physics & Astronomy "Galileo Galilei", University of Padua
Complex Multilayer Networks Lab
2023-05-01

序　言

网络作为数学的对象，在对复杂系统结构的建模中，已广泛应用于诸多学科领域。从人脑的神经元网络到社会关系网络，网络科学为探索复杂问题提供了崭新的视角，近20年来备受关注。

网络科学由来已久，它由社会学家和生物学家创立，在社会学、生物学和数学的不断交融中走过了半个世纪。20年前，该领域引起了一批有远见卓识的物理学家的兴趣，这直接推动了网络科学的建立。如今，网络科学已成为数据科学的基础之一，其应用几乎涵盖了所有学科领域，包括物理科学、生命科学、社会科学和应用科学。目前，网络科学也成为分析复杂系统最基本的工具之一，这类由粒子、分子、细胞、个体等组成的系统正在逐渐成为21世纪最活跃的研究领域。

10年前，网络科学家意识到传统方法很难解释系统的复杂性，这类系统各单元之间同时存在多种类型的互动和依赖关系，之后被网络科学家称为"多层网络"。

尽管已发表的不少论文已涉及多层网络相关的研究，但系统论述多层网络科学的著作仍旧缺乏。而本书则尝试填补这一空白，提供一套各领域，诸如在城市交通、人口流动、社会科学、神经科学、分子医药和数字人文等领域通用的多层网络执行、分析和可视化方法。

作为一名物理学家，我相信复杂科学有潜力成为推动人类科学进步的引擎。作为一名复杂科学家，我相信研究复杂系统的这套方法将彻底改变我们研究物理世界的方法。目前，网络科学的这套方法正被以往与物理学关系不大的学科所借鉴——从系统生物学到社会科学，以及一些新兴学科，如网络药理学、经济物理学、社会物理学等。即使计算机科学中的一些最新的研究成果，如人工智能，也开始受益于这套方法论。反过来讲，物理学也开始从其他学科中受益，通过采用新方法（例如遗传算法、深度学习）来寻找某些问题的最佳解决方案，例如识别相位转移中的关键点、集群现象的特征等。

从理论物理学到应用数学，不同知识背景的网络科学家正迅速拓展传统知识的边界。展望未来，我希望新一代物理学家能够像他们现在在量子力学或者广义相对论领域受到的训练那样，接受复杂科学领域的系统性训练。

正如史蒂夫·霍金在大约20年前预测的那样，我们生活在一个充满复杂性的世界，而复杂科学需要相关的理论和计算技能，因此，从新的角度重新构思一本相关的学术著作是非常必要的。撰写本书的目的是为读者提供muxViz软件背后的一些基本理论，并在书中使用该软件分析现实世界中的一些案例。因此，本书很难满足对多层网络科学有更高理论需求的读者，相反，可作为满足这一目的的补充读物。本书希望对不同知识领域进行分析，以引导读者进入多层网络科学的世界，本书还基于R语言开发了muxViz软件，并对多层网络进行了分析与可视化。

muxViz背后的故事也值得书写数笔，因为它是跨学科思维和努力的结果。2013年，国际项目PLEXMATH的部分研究人员（FP7 FET-Proactive Call 8 DyMCS项目之一）开会制定了共同的研究路线图。当时，我是亚历克斯·阿雷纳斯（Alex Arenas, Universitat Rovirai Virgili）团队的一名博士后，亚历克斯·阿雷纳斯，马克·巴特尔米（Marc Barthelemy, CNRS/CEA），詹姆斯·格雷森（James Gleeson, University of Limerick），亚弥尔·莫雷诺（Yamir Moreno, Universidad de Zaragoza-/BIFI），以及梅森·波特（Mason Porter, UCLA）等团队的部分成员参与了那次会议。会议上，大家呼吁开发一款能够对多层网络进行可视化的用户友好型的计算工具，以及与学术界共享的脚本库。在几个项目申请书中，其中一项特别吸引了我的注意："网络可以放置在不同的层上，层可以按照某种有意义的方式排列"，亚历克斯·阿雷纳斯在该项目上的批注是："可以采用某种简单的几何投影。"

事实证明，几何投影虽然相对简单，但在不同标准下，各层的可视化和网络灵活性之实现却面临很大挑战。经过近一年的研发，muxViz（一款基于R语言的具有良好用户图形界面的计算工具）第一版发布。在软件发布和相关论文发表后，muxViz以超乎想象的速度迅速成为多层网络分析和可视化的标准工具，拥有了快速增长的社区用户（截至2020年年底，已有超过600个官方订阅）。如今，muxViz已成为免费、开源并且比第一版快2 000多倍、可以依靠数百个函数库来完成多层网络创建、操作、建模、分析和可视化的工具。

网络科学领域已出现了很多新理论、新技术，但因缺乏公开可用的R语言代码，使得muxViz很难将这些理论和技术全部囊括进来，因此，未来我们还需要对这款工具中未包含的一些算法进行完善。目前，muxViz可以用来生成多层网络模型，计算中心性指标，进行社团探测、多层结构降维，分析三元组和模体等。未来，本书会在模型生成、鲁棒性分析、渗流分析中纳入一些新理论和算法。不过，当前版本的底层库已允许读者编写自己的R脚本，从而补充现有算法的不足，这是muxViz的一个扩展功能。

从对真实系统感兴趣、具有跨学科背景的物理学家的角度看，本书仅对上述特定功能的理论背景进行了简单介绍。本书中社会科学的一些原理会与系统医学或交通工程领域的一些应用相融合，需要读者保持开放的心态去阅读。关于多层网络科学理论的更多最新研究，我推荐阅读参考文献[1]和[2]。

本书的主要目标读者是那些需要对数据进行多层表征的各行业从业者和研究人员，比如物理学、神经科学、分子和系统生物学、城市交通与工程学、数字人文学、计算社会学等领域的从业者和研究人员。为便于读者理解，书中附上了部分用于复现特定分析或可视化的代码，以及现实世界中的多层网络数据集。

于特伦托，2021年7月

曼里奥·德·多梅尼科（Manlio De Domenico）

前　言

　　很荣幸受曼里奥之邀为《muxViz：多层网络分析与可视化》一书作序。这本书几乎涵盖了"多层网络分析"和"多层网络可视化"的全部知识。为什么邀请我来作序呢？我猜一方面是因为我经常与曼里奥合作发表论文，熟悉他的研究；另一方面是因为我喜欢本书的主题，并为本书付出了很多精力。

　　本书开篇为初学者介绍了一些网络科学的基本概念，以及它们在多层网络中的扩展，然后对多层网络的结构、动力学和分析方法进行了详细的介绍，最后，曼里奥介绍了他开发的 muxViz 工具，以及如何通过该软件实现多层网络可视化，还提供了一些安装和运行该软件的技术说明，以帮助读者切身感受该软件的魅力。

　　我希望读者能够和我一样喜欢这本书。

于塔拉戈纳，2021 年 7 月

亚历克斯·阿雷纳斯（Alex Arenas）

致　谢

　　本书是我同诸多优秀的合作者、研究人员长期学习、交流和互动的结晶，但受限于篇幅，很难枚举以表感谢，谨对以他们丰富的知识和经验帮我开拓多层网络科学（或者说复杂性科学）领域的最亲密的合作者致谢。他们是 Alex Arenas, Javier Borge-Holthoefer（ad honorem）, Albert Diaz-Guilera（ad honorem）, Jordi Duch, Sergio Gòmez, Clara Granell, Roger Guimerà, Joan Matamalas, Elisa Omodei, Marta Sales-Pardo, Albert Solé-Ribalta。感谢西班牙的网络科学家团队，包括 Alessio Cardillo, Emanuele Cozzo, Jesus Gomez-Gardenes, Sandro Meloni, Yamir Moreno, Jordi Soriano, Sara Teller。感谢 PlexMath 项目的成员 James Gleeson, Marc Barthelemy。我在多层网络方面的工作也归功于与 Jacopo Baggio, Mikko Kivela, Andrea Lancichinetti, Vito Latora, Antonio Lima, Vincenzo Nicosia, Mason Porter, Martin Rosvall 以及与 Eduardo Altmann 的出色合作。感谢 Ivan Bonamassa, Andrea Baronchelli, Jacob Biamonte, Emilio Ferrara, Sandra Gonzalez Bailon, Shlomo Havlin, Darren Kadis, Marta Gonzalez, Marco Grassia, Giuseppe Mangioni, Shuntaro Sasai, Amitabh Sharma。

　　我也很高兴与 Alain Barrat, Dani Bassett, Federico Battis ton, Marya Bazzi, Rick Betzel, Marian Bogñá, Ginestra Bianconi, Dirk Brock Mann, Guido Caldarelli, Mario Chavez, Aaron Clauset, Vittoria Colizza, Raissa D. Souza, Fabrizio De Vico Fallani, Mattia Frasca, Santo Fortunato, Giuseppe Giordano, Peter Grassberger, Lucas Jeub, Sonia Kef, Dima Krioukov, Renaud Lambiotte, Dan Larremore, Matteo Magnani, Amos Maritan, Peter J. Mucha, Vera Pancaldi,

1

Pietro Panzarasa，Leto Peel，Tiago Peixoto，Matja Perc，Shai Pilosof，Filippo Radicchi，José Ramasco，Mariangeles Serrano，Samir Suweis，Dane Taylor，Alessandro Vespignani，Nina Verstraete，Maria Prosperina Vitale，Brady Williamson，以及许多复杂系统学会及其意大利分会的成员进行讨论。

目　录

1

引 言

　　自然系统和智能系统的特点是内部单元间的相互作用。从细胞内的生物分子到人脑中的神经元，从现实世界中的个体到互联网中的联网设备，无一例外。

　　尽管这些系统间存在很大差异，但它们也有共同之处：它们形成了一个被称为复杂网络的大规模关系网络结构。如图 1.1 所示的复杂网络，实体往往通过节点（比如人）表示，节点间的相互作用通过连线（比如社会关系）表示。节点和连线通常被赋予一些附加信息（即元数据），以便根据不同的实体类型、相互作用的方向或者关系的权重等来更好地表征这些系统。

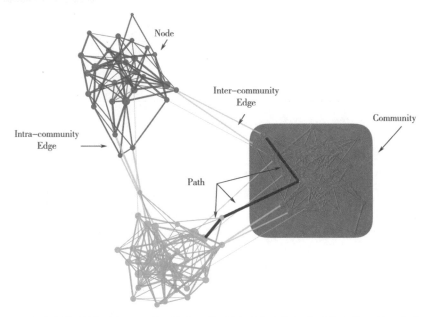

图 1.1　复杂网络的图形表示。该系统由实体以及反映实体间关系的连线组成，其中，实体在网络中表现为节点或顶点，关系则表现为连线或边。通常，节点倾向于聚集到一起形成社团或模块，对系统模块编码，往往能了解系统的功能（例如公司中的团队、构成细胞的基因组或蛋白质组）。那些无法通过一条直线建立连接的节点，可通过起始节点的中介节点与连线组成的路径发生联系或信息交流（完全分离的聚类中的节点无法发生信息交换）。

　　网络科学是复杂科学的一个分支，致力于分析上述复杂系统的结构，例如对关键参与者的识别（例如意见领袖）；将组织识别为不同的群体或社区，以获取对整个系统的新见解等。但网络科学并不局限于分析复杂系统的这种结构性特征，因为这只是对系统的一种静态描述。从实际应用看，人们通常会对这类系统的动力学以及系统对特定行为或扰动的反应等感兴趣。例如，分析传染病在社会中的传播时，社会系统的结构和人为干预通常是该传染病短时间内成为地方病或消失的关键因素。类似地，分析信息如何在不同的社会团体中传播：是从现实世界（诸如家庭、学校、商业等社交网络）向虚拟世界（诸如 Twitter、Facebook、Whatsapp 等）传播，还是反向传播等。实际上，网络科学最重要的研究领域之一，是关于自然或智能复杂系统中的节点或连线对随机故障（例如，极端气候条件下机场关闭、手机信号中断）、靶向攻击（例如，对城市特定区域的恐怖袭击，从生态系统中移除特定物种）的抵抗能力。

网络科学是一门非常古老的学科，可追溯至哥尼斯堡的"七桥问题"。1736年，"七桥问题"被著名数学家欧拉通过严谨的论证予以证明，从而奠定了网络科学的基础。接下来的两个世纪，应用数学家、经济学家、生态学家、社会学家和生物学家认识到网络建模在各自学科中的重要性，并为网络科学的发展做出了重大贡献。直到 20 世纪末，网络科学才逐渐引起物理学家的兴趣，他们为网络科学的建模和分析提供了新的理论和计算工具，特别是揭示出了一些基本特征背后的机制，如邓肯·瓦茨（Duncan Watts）和史蒂夫·斯托加茨（Steven Strogatz）在 1998 年发现的"小世界"现象，以及 1999 年艾伯特 – 拉斯洛·巴拉巴西（Albert–Lazlo Barabasi）和雷卡·阿伯特（Reka Albert）发现的"无标度"现象。

本书重点并不在于对这类经典网络进行建模和分析，因为此类研究已有很多（如文献 [22–24] 是结构和动力学方面的著作，文献 [25–28] 是教学和技术并重的著作），也不在于对复杂网络在诸如社会科学 [29–31]、认知和系统神经学 [32–40]、系统生物医学 [41–48]、物理学 [49–61] 和生态学 [62，63] 等领域的应用进行综述，这些远远超出了本书的范畴，需要配合一本或多本相关书籍进行配套阅读。

本书引言部分将重点解释中大尺度经验网络（empirical networks）中观察到的结构特征是如何从微观尺度的简单机制中涌现的。这种结构特征诸如：无序拓扑结构 [64]，三元闭包和快速信息交换 [20]，异构连通分布 [21，65]，并非在生态、细胞、技术和社会网络中观察到的那种同构组成不同层次的分布 [66–70]，以及群组、功能模型和动力学模型 [13，84–90]。增长模型在这当中扮演了关键的角色：对社会、生物学和通信网络中观察到的特征 [21，50，91–97] 进行模拟仿真，以及在分析经典 [99–101] 和多级 [102] 系统特定拓扑约束时采用最大熵来分析复杂网络中的任意度分布 [65，98]，这些都是统计物理学领域的理论工具。引言部分的最后，对系统关键特征进行建模和分析的工具做了介绍，以便使读者更好地理解网络鲁棒性或扰动，比如从局部静态随机故障和靶向攻击到级联故障

[58，103–121]，以及对有影响力传播者的识别等 [122，123]。

　　尽管学者们已经做出了很多努力，但复杂的生物、社会和技术系统的某些特征仍令我们难以捉摸。原因之一是在处理噪音、不可获得、不完整或多维信息中存在的技术障碍：一方面，学者们提出了基于贝叶斯推理的一系列解决方案 [68，83，124–127]；另一方面，传统的基于可用拓扑数据的简单或启发式聚类以及忽略或舍弃多维信息的方式，往往只是对经验系统的近似表征，与观察结果的一致性较差。本书重点关注此类问题，涵盖了通过多层建模和分析而非聚类分析来应对理论和计算的挑战，并整合不同来源的数据的。

　　撒加利（Zachary）空手道俱乐部 [3] 是用于展示网络科学预测能力的经典案例。撒加利是费城天普大学人类学系的专家，他研究了 1970—1972 年美国一所大学空手道俱乐部成员的社会关系，并建立了能够预测该俱乐部成员因管理员和教员冲突而裂变为两个小团体（图 1.2）的网络模型。该研究发表于 1977 年并共享了数据集，之后便成为网络科学领域社团发现算法的"黄金标准"（当时在网络科学家中流传着一句话："如果你的方法在这个网络上不起作用，那还是回家歇着吧。"），在会议报告中首次提到该数据集的学者还被授予了"空手道俱乐部奖杯"。

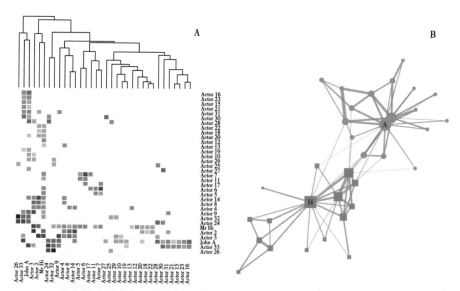

图 1.2　撒加利空手道俱乐部 [3] 表示为邻接矩阵加权聚类 A 和网络 B 的形式（A 中的颜色表示俱乐部成员社会关系的权重，通过欧氏距离将成员进行了聚类；B 中的颜色区分因管理员和教员发生冲突而形成的社团）。

撒加利采用 Ford-Fulkerson 算法对该网络进行了分析，以最大化图中的信息流。该算法将连线视为信息通道，并按信息流大小对连线赋权，这样，撒加利就可以将除一个成员外的其他成员划分到两个社团。

然而，现实中，撒加利不得不面对一个复杂的数据分析问题。在观察和测量社会关系时，他观察到 8 种不同的情景（contexts）：从大学学术课程以及学术课程间的关系，到空手道各锦标赛赛地、参与者间的关系。由于缺乏相应的理论和计算工具，撒加利尝试将这些数据进行汇总，他为每对成员建立了 8 维情景，但由于缺乏足够的数学知识积淀，撒加利最终还是选择通过线性方法将这些实体进行加和。尽管他在文章中为这种做法提供了一些证据，但现在看来，他应该通过边 – 颜色多重图（edge-colored multigraph）的方法（一种特殊的多层网络）来处理这个问题。

1.1 复杂网络的数学表示

从数学上看，方阵是表示复杂网络的一种简单方式，它将相邻节点的信息通过矩阵表示出来。如果用 W 表示具有 N 个节点的邻接矩阵网络，当节点 i 到节点 j（$i, j = 1, 2, \cdots, N$）存在直接联系时，w_{ij} 为正，反之为 0。

用矩阵来表示复杂网络，意味着可以通过经典的线性代数来分析撒加利遇到的问题。最近，学术界引入了 2 阶张量的数学公式。该方法在将复杂网络的经典代数（也被称为单重网络"monoplex network"）推广到多层网络时非常有效，这也是本书的主要内容。按照这个方法，邻接矩阵 W 就可以表示为 2 阶张量 w_j^i，其中 i 和 j 分别是协变指标和逆变指标，用以表示邻接张量的二个维度。

对线性代数不太熟悉的读者，可能不了解采用张量表示复杂网络的重要性，此处我们在方框 1.1.1 和方框 1.1.2 中提供了详细信息，供读者拓展阅读。

方框 1.1.1　什么是张量?

张量是基于标量和向量向更高维度的一种推广，通过将一系列具有某种共同特征的数进行有序的组合来表示一个更加广义的"数"。标量（a）、向量（a_i）和矩阵（A_j^i）可视为最简单的 0 阶、1 阶、2 阶张量。从中我们不难看出，张量协变指标和逆变指标的数量决定了其阶数。一般来讲，张量由多重指标组成，用以表示两种不同的坐标：协变（底部）和逆变（头部）。当张量 Q 改变引发基向量的变化时，逆变指标必须相应地随 Q 发生变动，而协变指标必须随 Q^{-1} 变动。因此，1 阶张量可以是 1- 协变向量（a_i），也可以是 1- 逆变向量（a^i），A_{klm}^{ij} 则是一个 5 阶张量，有 2 个逆变向量和 3 个协变向量。了解张量，是理解本书数学部分的基本功，因此，此处进一步列举常见的几个基础操作：

外积：两个向量的叉乘，又称叉积。介于 A 张量和 B 张量中间的外积（常被称为"克罗内克积"）是一个新的高阶张量 C。C 的阶数与张量 A 和 B 的总数相同，该特征在协变指标和逆变指标中也适用。例如：$A_{jk}^i B_m^l = C_{jkm}^{il}$。

内积：两个张量先并乘后缩并的运算，又称收缩。其结果，张量的阶数是 2 个张量阶数的总和减去 2，例如 $A_{jk}^i B_m^l = C_{jm}^i$。如果存在多重收缩，其结果，张量的阶数会进一步减少，例如 $A_{jk}^i B_i^j = C_k$。

另外需要说明的是，我们采用爱因斯坦求和约定来使用这些指标，从而减少本书在张量方程标注方面的复杂性。若不采用该方法，内积的数学表示应写为：

$$A_i^i = \sum_{i=1}^N A_i^i, \quad A_j^i B_i^j = \sum_{i=1}^N \sum_{j=1}^N A_j^i B_i^j$$

等式右侧清楚地标记了求和符号，N 表示两个张量的空间大小。当进行张量操作时，必须对其进行详细说明，以避免混淆。因为 A_{ij} 可以表示由行向量 i 和列向量 j 构成的矩阵 A，而在张量表示方法中，A_{ij} 表示了一个 2 阶张量。

方框 1.1.2　复杂网络的邻接张量

网络的邻接张量 W_j^i 可以表示为如公式（1.1）所示的张量规范化基的线性组合 [129]：

$$W_j^i = \sum_{a,b=1}^N w_{ab}\, e^i(a)\, e_j(b) = \sum_{a,b=1}^N w_{ab}\, E_j^i(ab) \tag{1.1}$$

其中，w_{ab} 表示节点 a 和节点 b 之间作用的权重，$E_j^i(ab) \in \mathbb{R}^{N \times N}$ 表示规范化基张量，分别对应节点 a 和 b 规范向量张量积 $e(a) \equiv e^i(a)$ 和 $e^\dagger(b) \equiv e_j(b)$ 的行和列，通过 $\mathbb{R}^N$ 来表示，此处的基是欧几里得基。

由于缺乏相应的自然变换，确定协变和逆变指标显得有些随意。对单重网络来讲，当采用 1 阶张量（即向量）表示节点时，邻接张量 W_j^i 只不过是返回与特定节点（即节点 i）相邻的节点集的一种线性变换，此时 $W_j^i e_i(a) = w_j(a)$。

考虑到复杂网络是有向的，因此，通过 1- 协变张量、1- 逆变张量来区分邻接节点连线的流入和流出方向。已知邻接张量阶的变化决定其坐标的变换，公式（1.2）是基张量的变化，它将基向量集由 $\{e^i(a)\}$ 变为 $\{e'^i(a)\}$:

$$Q_j^i = \sum_{a=1}^N e'^i(a)\, e_j(a) \tag{1.2}$$

由于任何变化都不会改变 w_{ab}，如公式（1.3）所示，它充分展示了 W_j^i 的张量性质：

$$W_l'^k = \sum_{a,b=1}^N w_{ab}\, e'^k(a) e_l'(b) = \sum_{a,b=1}^N w_{ab}\, Q_i^k(a)\, e_j(b)\, (Q^{-1})_l^j$$

$$= Q_i^k \Big[\sum_{a,b=1}^N w_{ab}\, e^i(a)\, e_j(b) \Big] (Q^{-1})_l^j = Q_i^k\, W_j^i\, (Q^{-1})_l^j \tag{1.3}$$

正是由于这种变换律，所以尽管二者都可以通过数组的数组表示，或表示为 2 阶超矩阵，但邻接张量比邻接矩阵的对象更丰富。张量的分量可以排列为超矩阵，但分量的超矩阵无法定义一个张量。

1.2　多层网络：面向更贴近现实的复杂系统模型

20 世纪 60 年代末，一些有远见的生物学家、社会学家、心理学家、物理学家和数学家证实，从细胞分子到社会个体，这些相互作用的单元自发地形成了相互联系的网络，这类网络很难通过单独分析其各部分给我们启发❶。社会学家和生物学家率先意识到，大自然和社会网络的组织结构往往比传统网络更复杂。尽管多层次组织是生物体和复杂社会的重要特征，但造成这种复杂性的根源在于不同系统间的多重性和相互依赖性。从广义上理解，大自然似乎得益于系统的系统，即各种网络组成了其他网络，呈现出无法忽视的、异质的、相互依赖或联动的特征。分子在细胞内以多种方式相互作用，例如，细胞结合形成组织，组织的相互作用形成器官，器官是复杂系统，器官之间相互依存形成有机体，各有机体之间又通

---

❶　对 20 世纪系统思想发展感兴趣的读者可以阅读 Capra 和 Luisi 的书 [130]。

过不同方式相互作用，从而形成多重相互联系的社会系统和生态系统。

1969年，布莱恩·科普菲尔（Brian Kapferer）将多重性定义为不同交流类型中的社会参与情况[131]。随后，马克·格兰诺维特（Mark Granovetter）提出："两个朋友关系网络重叠的程度，会随着他们联系强度的变化而变化。"社会学家定性地总结了多重性是如何对系统的影响力和信息传播产生直接影响的，并总结了多重性如何导致社团的形成[132]。此后的40年，物理学家和应用数学家开始痴迷于此，他们发展了多层网络的数学理论，通过分析和推导证实了社会学家关于扩散过程[18，129，133]和群体组织[15，87]的认识。比如，洛伊丝·维尔布鲁根（Lois Verbrugge）证实了多重性出现于行动者在二元组中分享多个基本信息时[134]，而约翰·帕吉特（John Padgett）证明了多重性在文艺复兴时期佛罗伦萨美第奇家族复兴中扮演的角色[135，136]。社会学家较早注意到多重性在复杂社会形成中的作用，而系统生物学家则较早意识到不同系统间相互依赖的作用，正如1965年诺贝尔生理学或医学奖得主弗朗索瓦·雅各布（Francois Jacob）的那句名言："生物学所研究的每个对象都是系统的系统。"[137]

多层网络的真正繁荣是在 10 年前，因为一些问题正变得越来越清晰，即复杂系统的鲁棒性与系统内部的相互依赖程度是密切相关的，这也引发了潜在系统崩溃❶的可能 [139，140]；与此同时，多重性❷在社会系统关键功能单位中的决定作用，也可通过数学推导进行表达 [87]。因此，这一时期是多层网络科学发展的新纪元。这一时期，多层网络 [141–145] 能够为经验系统提供更真实的模型和更有价值的分析，成为融合系统科学和生物学的一门新学科[146，147]。图1.3– 图 1.5 介绍了人们如何通过多层网络来构建复杂系统，包括交通系统、生物学系统和社会系统，过去几十年来，已经有数以千计的论文利用上述案例分析了现实世界的系统。图 1.6– 图 1.9 则强调了多层网络建模的跨学科性和多学科属性❸。

---

❶ 例如，因气候变化引发的一系列事件：地表空气温度上升使全球水循环加剧，并促使洪涝灾害风险增加等。这继而将严重影响全球贸易网络，导致国家经济损失。

❷ 数学上，系统随时间的变化也称时变网络 [56，57]。虽然需要建立更多的桥梁，但可以通过多层框架来描述 [87，129]。

❸ 检索式为:（（（multiplex NEAR/3 network* ）OR(multilayer NEAR/3 network*)OR（interdependent NEAR/3network* ）NEAR/10 complex）NOT （feedforward network OR feed-forward network OR neural OR adversarial OR electronic* OR wavelength OR optical OR （internet of things ）OR microgrid OR radio OR iron OR supervise* OR wireless ））.

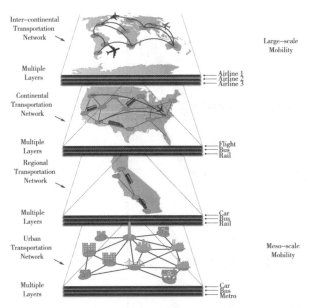

图 1.3　不同地理尺度下的多层交通系统示意图 [4]。从上到下依次为：宏观尺度上的洲际交通网（由不同国际航线形成的交通网，每一层表示不同航线），大陆交通网（以美国为例，该层显示了美国国内航班、长途汽车和火车线路形成的交通网，每一层表示不同线路），中观尺度上的州内交通网（以加州为例，该层显示了由汽车、客车和火车线路形成的交通网），市内交通网（由公路、客车、地铁线路形成的市内交通网）。

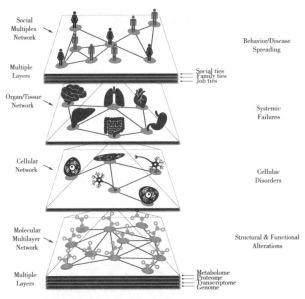

图 1.4　不同生物学尺度下的多层生物系统示意图 [4]。从上到下依次为：社会网络（不同连线形成网络各层），器官或组织网络（每个个体是由器官组成的有机体，例如人体的八大系统），细胞网络（组织是由细胞构成的），分子网络（细胞由分子构成，每个细胞都是由不同类型分子的相互作用形成的，它们构成了基因组、转录组、蛋白质组和代谢组）。

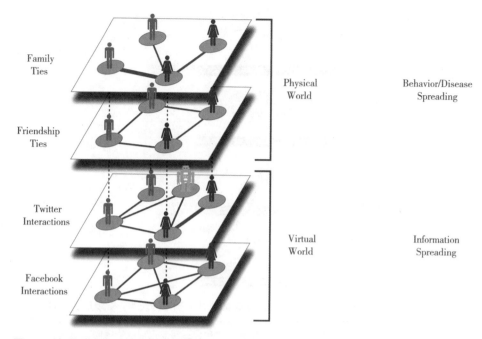

图 1.5　多层社会系统示意图 [4]。每一层代表不同类型的相互作用和行动者：现实世界中，个体通过不同连线（如家庭和朋友关系）相互作用；虚拟世界中，他们可拥有数字身份，通过 Twitter 或 Facebook 建立联系。在虚拟世界中（例如 Twitter 相互作用层），也可以看到社交机器人这种非生命体行动者 [5，6]。这种多层社会系统可以对流行病、行为传播以及信息扩散等复杂的动态过程进行建模。

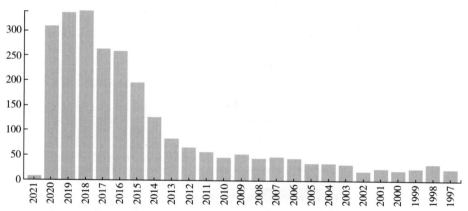

图 1.6　Web of Science（WoS）数据库中与多层网络相关的论文数量。1997—2021 年累计发表论文 2 600 多篇（其中，2009—2021 年发表了 2 100 多篇）。

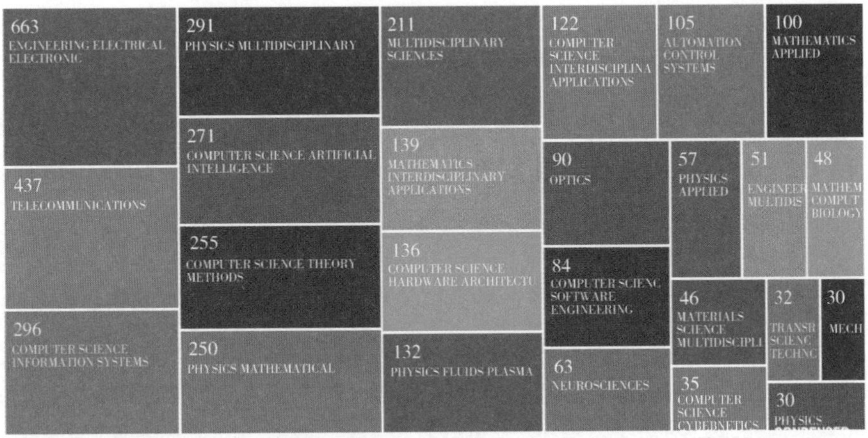

图 1.7　WoS 数据库中多层网络相关研究的学科分布（top 25）

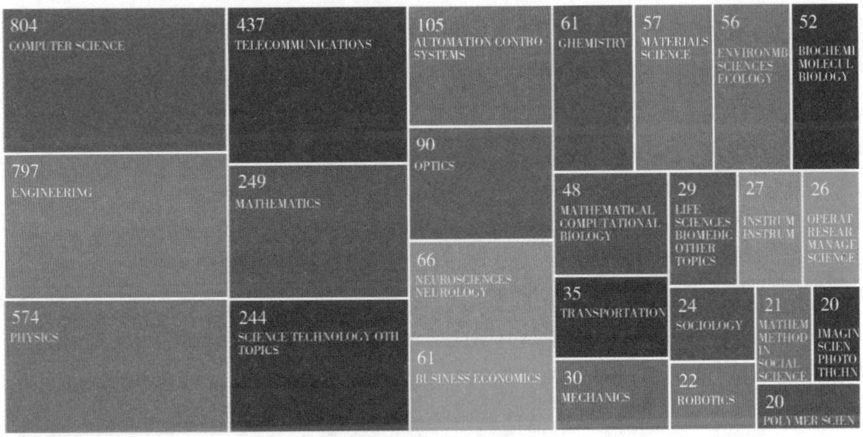

图 1.8　WoS 数据库中多层网络的研究领域分布（top 25）

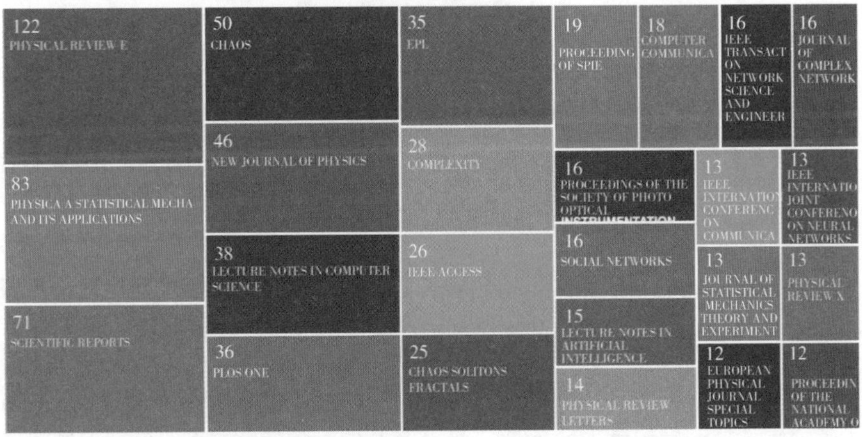

图 1.9　WoS 数据库中多层网络的期刊分布（top 25）

本书第一部分将介绍一些重要的概念和工具，介绍不同类型的节点关系；之后，会使用这些工具从学科和应用方面来分析经验系统。

1.3 多层网络结构

与单重系统中节点间仅存在一种类型关系的情况不同，多层网络是由多种方式同时相互作用的一些节点构成的系统。如果每种关系类型都用一种特定的"颜色"表示，那么，相同颜色的节点集合则形成一个"层"，如图 1.10 所示。同一节点可以存在于一个或多个层中：当确定某一层后，层中的节点被称为"状态节点"（state node）或"副本节点"（replica node），而当我们指某一节点不论其属于哪一层时，则称其为"物理节点"（physical node）。同一层中的边，我们称为"层内连接"，而连接不同层中状态节点的边，我们称之为"层间连接"。

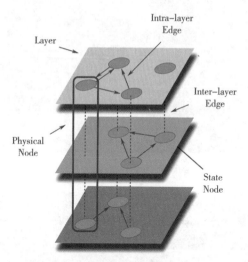

图 1.10　经典多层网络示意图 [4]。网络的层代表节点间不同类型的关系，节点可存在于不同的层，但并不是必需的：如果节点存在于某一层，则称之为"状态节点"；而物理节点则是指那些不依赖于任何具体层的节点。

尽管多层系统的科学论文呈指数增长，但对一种通用的多层网络理论的探索仍在继续 [129，143]。根据层间连接是否存在，可以将多层系统分为两类：

无互连网络：又称"边颜色多重图"（edge-colored multigraphs），它们组成了多个层，每一层记录（encode）着节点间的一种特定关系，但节点的状态却互不相连（图 1.11）。状态节点至少存在于某一层，其在不同层中的关系可通过不同颜色进行记录。

互连网络：他们组成了多个层，每一层记录了节点间的一种特定关系，且不同层间节点相互连接（图 1.11），这又进一步细分成了三种不同类型的互连网络：

（1）多重连通网络（multiplex interconnected networks）：只有相同的物理节点间存在层间连接，实际上是一种具有层间连接的边颜色多重图。

（2）相互依存网络（interdependent networks）：只有不同物理节点的状态间存在层间连接。

（3）一般连通网络（general interconnected networks）：对层间连接形式没有限制。

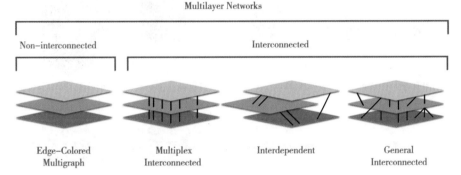

图 1.11　多层网络模型的基本类型 [4]（图中各种类型网络均可通过 muxViz 进行分析和可视化）

本书将以不同学科领域（例如社会科学、数字人文科学、工程学、生物学和生物制药）的经验网络为例，介绍相应的多层网络模型。

恰如其分地对多层网络进行划分，需要在数据格式和网络表示方面具有灵活性（见本书附录 A5）。不过，值得注意的是，用于表示单重网络的标准矩阵和 2 阶张量，在它们所捕获的关系的复杂性方面存在固有局限。也就是说，在多层系统下，它们无法表示任何一个合适的网络类型，不论层间是否存在连接。例如，节点关系类型可以随着时间的变化而不断增加其复杂性。

边颜色多重图属于比较简单的多层系统，可通过邻接矩阵的数组表示 [148–153]。从数学上看，在一定约束条件下，相应的系统可通过秩为 3 的超矩阵、3 阶张量表示。当关系较多，需要考虑节点间的层间互动时，就需要更为一般性的模型来记录这些信息。直观上看，人们可能会考虑计算 α 层的节点 i 与 β 层的节点 j 之间所有可能的关系，此时需要至少 4 个指标的张量对象。实际上，4 阶张量通过来 $M_{j\beta}^{i\alpha}$ 表示就已经足够了（详见方框 2.3.1）。为避免混淆，接下来我们将采用拉丁字母表示节点，希腊字母表示层。

$M_{j\beta}^{i\alpha}$ 常被称为多层邻接张量（multilayer adjacency tensor），能够解释层内和层间节点的全部相互作用。图 1.12 从一个节点到多层网络，将每个张量对象的形状进行了展示，这对于进一步理解张量是很重要的。尽管无互连网络可通过三维数组来表示，但其对应的几何结构从本质上讲是四维的；然而，可以通过矩阵化将其扁平化到一个较低维度，即通过 2 阶张量来处理对象的复杂性。

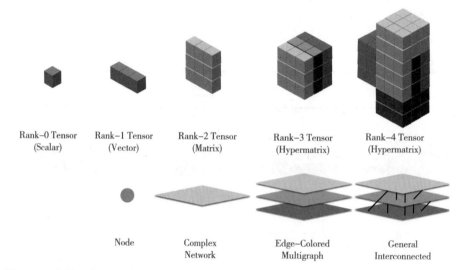

图 1.12　张量对象与物理对象信息的对应关系示意图 [4]。本图记录了不断增加秩的张量对象（即标量、向量、矩阵和超矩阵）是如何记录复杂度不断增加的物理对象信息（即节点、网络、无互连网络和一般连通网络）的。

若系统中有 N 个节点和 L 层，则多层邻接张量就定义了一个 $N \times N \times L \times L$ 的多维空间；通过超邻接矩阵（supra-adjacency matrix）[133] 进行扁平化处理后，可得到一个 $NL \times NL$ 维的空间（见图 1.13）。尽管总维度不变、信息内容相同，但它们所在的背景空间明显不同：后者的优势在于我们可以通过标准矩阵运算理论进行处理；但在获取结果时要小心谨慎，并注意可解释性。实际上，2 阶层内邻接张量（intra-layer adjacency tensors）可通过 $N \times N$ 维度的 $C_j^i(\alpha\alpha) = W_j^i(\alpha)(\alpha = 1, 2, \cdots, L)$ 表示，其代表了系统的一层网络，并按传统惯例放置在超邻接矩阵的对角块（diagonal block）上。2 阶层间邻接张量可通过 $N \times N$ 维度的 $C_j^i(\alpha\beta)(\alpha,$

$\beta = 1$，2，$\cdots$，L，且 $\alpha \neq \beta$）表示，代表了层间节点的相互作用，并相应地放置在超邻接矩阵的非对角块上。细心的读者会发现，我们已经定义了 L^2 个 $N \times N$ 的 2 阶张量。

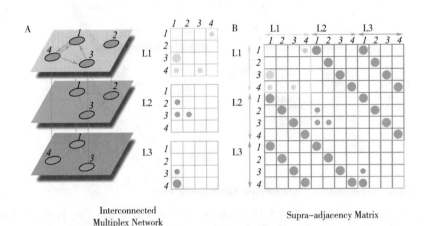

图 1.13　用超邻接矩阵表示多层网络的示意图 [8]。A 是节点为 4（$N = 4$）层数为 3（$L = 3$）的一般连通网络（左），该图中并非全部的节点都在每一层上。每一层用一种颜色表示，且网络是有向加权的。对应每层的邻接矩阵分别在右侧进行了展示。B 通过矩阵化 [7] 将表示该多层网络的 4 阶张量扁平化到 2 阶超邻接矩阵中（分块矩阵），即由低维矩阵组成的矩阵。该矩阵有两个特点：①每一层的临接矩阵作为块，被放置到主对角线上；②层间连接通过非对角线块上的对角线进行记录。这种表示保留了网络的拓扑信息，但在处理分析时需要注意（参见正文相关部分）。

　　在实际操作中，多层邻接张量的优势主要是能够将全部信息记录到单个对象中，每个节点都可以通过 4 阶张量确定其唯一性，而使用超临界矩阵时，情况则有所不同。另外，在第二种情形（图 1.13B）下，我们必须注意对角线块上单层邻接矩阵的顺序。总体来看，标准网络算法会将超邻接矩阵解释成该网络由 $N \times L$ 个节点构成的邻接矩阵，又称拓展表征（expanded representation）[15]。然而，在拓展表征中，物理节点被多路分解为相应的副本节点，因此，通过张量代数将结果进行适当组合 [10，129]，证明大量的算法和方法仍然可以安全使用，是提高其可解释性的重要途径（见第 2–6 章）。

　　这种将多源信息自然整合的新框架，为多个学科领域（特别是生物学领域）打开了众多解决方案和应用场景的大门 [146，147]。例如，近期关于生态学领域的相关应用的研究 [9，154，156]。动物相互关联（如遗传）或相互作用（如交配）的方式会影响它们的习性或聚集情况（图 1.14），考虑这种社会—空间的相互依存，有可能为研究动物行为或生态系统的组织提供新的思路（图 1.15）。

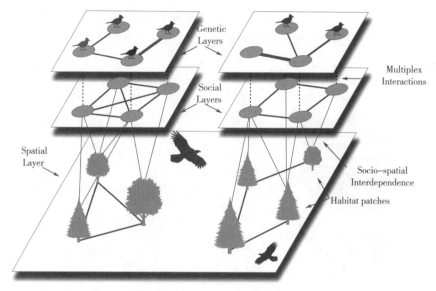

图 1.14　生态系统中社会、空间和行为信息的多层网络示意图 [4]。动物间的相互作用、相互联系可通过多重网络建模，而多重网络又与栖息地和空间网络相互依赖。

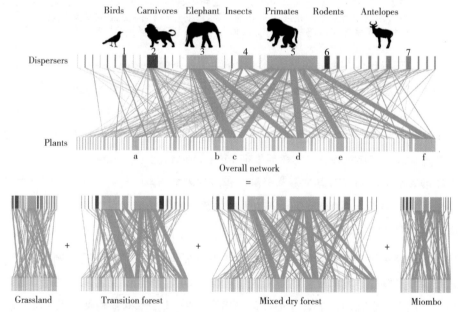

图 1.15　真实种子传播网络的聚合（顶部）和多层（底部）表示示意图 [9]

1.4 多层网络动力学

截至目前，我们已经看到，多层网络框架可以很自然地表征相互依存网络的拓扑结构特征。实际上，根据动力过程的特点可以将多层网络分为两类：①单一动力学类型；②耦合动力学类型（图 1.16）。这两种类型都揭示了一些有趣的现象 [157]，例如，结构和动力学相变、增强扩散的涌现、单独考虑每一层时的拥挤效应，这些是多层系统的独有特征（推荐阅读文献 [142–145]）。

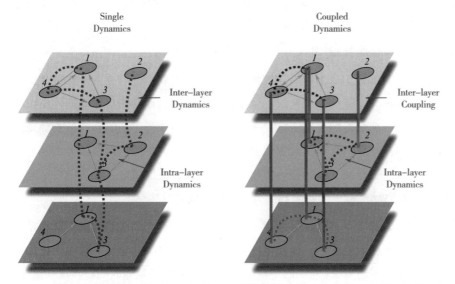

图 1.16　多层结构顶部动力学类型。在单一动力学类型（左）中，单一动力过程发生在网络拓扑结构的顶部（虚线部分）；在耦合动力学类型（右）中，另一种动力学过程（不同颜色的虚线）分别发生在每一层，并与下一层的层间连接（垂直、渐变色实线）交织在一起。

第一类探讨的动力学有：连续性 [133，158–161]、离散扩散 [18，162–164]、同步动力学 [165–169]、系统控制 [170–171]、合作 [172–174]、可通信信息 [175]、单一传染病的传播 [176–180]、多模式通信系统中的拥挤 [181–183]、创新扩散与采纳、单纯或复杂传染 [188–192]（如包含病毒的信息片段或产品的扩散）。在传播扩散过程中，这些效应的涌现首先可以通过扩散动力学来描述，与层间的耦合强度息息相关。在某些特殊情况下（例如具有相同耦合的多重网络），用层间耦合强度函数来展示两种不同状态的存在是可行的 [193]，这样能够强调多层结构是如何影响多个物理过程的。多层效应往往在结构变化超过某一阈值（即层间耦合强度达到不容忽视的程度）时被观察到 [193]。当然，在没有达到这一阈值时，不同层间的网络往往是孤立的，可以单独研究。单一动力学类型多层网络的重要性将在第二章通过多种结构指标深入介绍。通过了解从节点中心性到聚类中的组织，可以更好地理解特定的扩散过程（例如随机游走）。

第二类探讨的是另一类动力学过程，即：每种动力都源自顶层，并最终与下一层的动力耦合到一起。层间拓扑耦合的存在以及耦合强度导致了涌现现象的产生，这在分子生物学、神经科学、经济学、工程学和社会科学领域较为普遍。这类现象取决于相互依存的动力学。例如，合作与竞争共存时的流行病传播 [194–198]、流行病传播与传播者行为之间的相互作用 [199–208]、简单或复杂传染 [209]、进化博弈动力学和社会影响 [210]、人类流动 [211]、运输和同步动力学 [212] 以及其他的集群现象 [213]。

尽管这两类动力学过程有不同的应用场景，但它们都存在正反馈或负反馈。例如，某些行为（譬如信息意识）会抑制疾病传播、社会阶层和流动性交织在一起会导致流行病爆发的关键特征发生突变、传统方式行不通时合作就会涌现。这就导致了相应临界点之间相互依赖的动力学，表现为临界点曲线被分为两种不同状态：①某一过程的关键特征不依赖于其他过程的关键特征；②关键特征间相互独立。这两种状态被一个超临界点分开，并在此处发生交叉。

实际上，除了上面讨论过的单一动力学和耦合动力学类型在多层结构顶部运行外，当特定作用发生后，促使系统发生变化的动力学过程还有很多。比如，增长动力学和衰减动力学，它们的节点、连边、层的数量通常随时间稳步增长或减少。值得注意的是，某些类型的动力学可能会同时存在增长和收缩，从而导致节点、连边、层的产生或消失，诸如一些不断适应环境变化的经验系统。图 1.17 展示了经典网络中的此类动力学。

目前，增长动力学 [149] 广受关注（图 1.18），已被用于理解系统演化如何导致不同层之间发生强相关性，从而改变扩散动力学的响应和级联过程的敏感性 [214]；用于识别冷凝现象 [215]，揭开优化过程中效率和竞争之间的博弈 [216]。

衰减动力学的研究（通常被物理学家称为"渗流力学"）对理解系统拓扑结构特征和动力学的鲁棒性，及对拓扑扰动（诸如针对节点、连边或层的靶向袭击，极端环境下不可预见的故障）的弹性至关重要（图 1.19）。

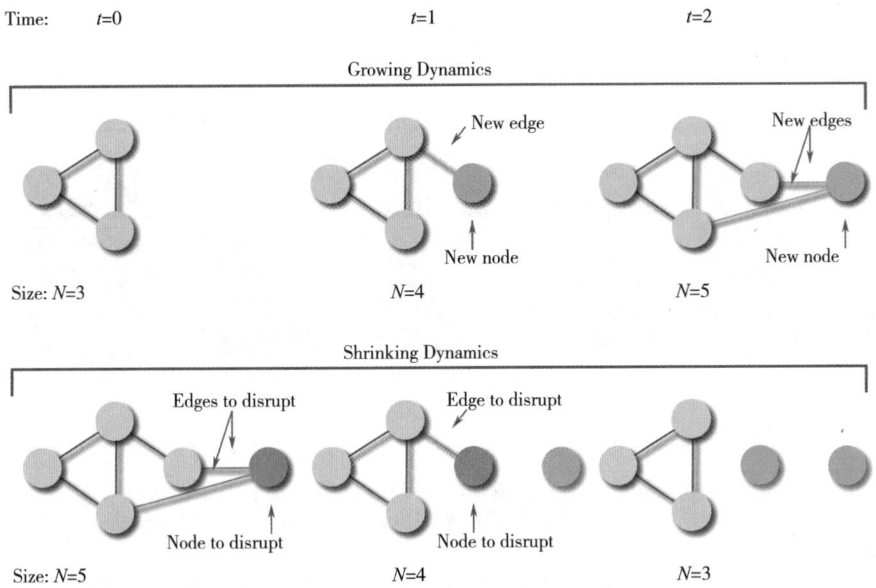

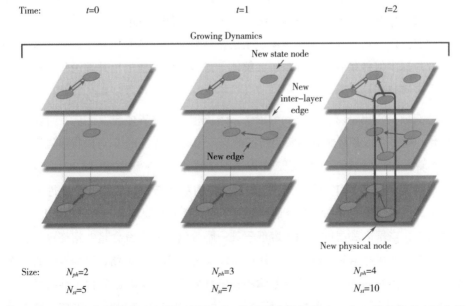

Time: $t=0$ $t=1$ $t=2$

Growing Dynamics

New edge
New node
New edges
New node
Size: $N=3$ $N=4$ $N=5$

Shrinking Dynamics

Edges to disrupt
Edge to disrupt
Node to disrupt
Node to disrupt
Size: $N=5$ $N=4$ $N=3$

图 1.17　经典单层网络动力学类型 [4]。网络随时间不断增长（上），新的节点和连边不断增加；网络随时间不断衰减（下），原有节点和连线逐渐消失。混合动力学就是这两种过程会同时存在，可用于描述复杂自适应系统的动力学，例如社会网络（个体加入或离开某个团队，从而建立新的社会关系或切断现存的关系）。

Time: $t=0$ $t=1$ $t=2$

Growing Dynamics

New state node
New inter-layer edge
New edge
New physical node

Size: $N_{ph}=2$ $N_{ph}=3$ $N_{ph}=4$
$N_{st}=5$ $N_{st}=7$ $N_{st}=10$

图 1.18　多层网络的增长动力学示意图 [4]。物理节点的数量（ N_{ph} ）、状态节点（ N_{st} ）以及连边的数量随时间不断增长，体现了系统的增长。

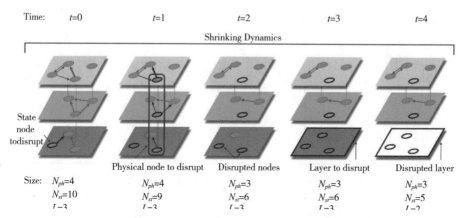

图 1.19   多层网络的衰减动力学示意图 [4]。物理节点的数量（N_{ph}）、状态节点（N_{st}）以及连边和层（L）的数量随时间不断减少，体现了系统组件和连通性被破坏。

　　大约 10 年前，这些类型的动力学就引起了一些物理学家和工程师的兴趣，其中的开创性成果是对诸如电网、通信网络上随机故障后果的研究 [217]。研究人员 2010 年提出的通用耦合系统（如相互依赖的基础设施）建模框架 [139]，证明了相互依赖可提升系统复杂度并引发新的涌现现象。例如，相对于非相互依赖的系统而言，相互依赖系统面对级联故障十分脆弱 [140]，因为网络上部分节点的随机故障会向相互依赖的节点传播，进而放大损害，触发级联故障，最终导致整个系统崩溃。这一迭代过程导致了渗流相变，从而使相互依赖的网络分割开来。这项发现为探索何种条件下耦合系统会解体，或分解其功能的相关理论和应用研究指明了方向 [141]。

　　已有研究指出，减少网络间的耦合，渗流相变的临界值会发生从 1 阶到 2 阶的变化，这符合以某种临界指数为特征的标度律 [218]。因此，可以将渗流理论作为一个更一般性框架的极端情况，用以识别在何种条件下级联障碍可能被观察到，并且这种变化会成为 1 阶渗流相变 [219]。在由故障节点、较高度中心性节点之间的相关性构成的空间中，探究这种动力学时，通常会观察到一个三相点 [220]。研究证明，当层内和层间的相关度低于某一临界值时，系统会趋向超临界状态，此时动力学和拓扑相变变得不可区分 [221]。对于相互依存网络，这种混合的相变取决于各子系统内的方向，并且整体的鲁棒性会随着入度和出度相关性的增加而增加 [222]。实际上，可通过对少部分节点的强化来阻止系统崩溃 [223]，这方面的相关研究仍有待进一步探讨，一些新模型不断被提出，用来解释更加现实的环境，如因级联失败而导致的信息流再分配 [240]。

从数学角度看，相互依存系统既可通过具有模块化结构的单层网络建模（不同模块内部的节点类型是不同的 [225]），又可通过一系列特定的多层网络建模，例如相互连接的多重网络：①子系统具有相同规模；②状态节点之间存在一一对应、相互依赖的关系。对于后者，通常无须考虑物理节点，此时副本节点在不同模块中扮演着不同的角色。这种数学上的相似性，可以将多重网络当成一种特殊类型的相互依赖系统进行研究（多数研究将多重网络和相互依赖系统交替使用，不做区分），从而为研究因多重性引发的系统崩溃、出现不依赖于系统拓扑结构和多重渗流相变的相互联系的组成部分，提供更多的证据 [226–231]。然而，当考虑节点物理身份和重叠边 [150]（即同时存在于多层节点对之间的连线）的概念时，又会发现多重系统并没有人们当初想象的那么脆弱。这里的鲁棒性是通过层间度相关性 [232]、冗余连接 [225] 来提升的，特别是在经验系统中 [18，153，230]，可通过复杂的途径改变渗流临界行为 [233]，以及随机故障下的结构和动力学鲁棒性 [18]。

根据这些研究，人们自然而然地想知道：是否存在，以及在哪些条件下有可能找到一个最小的节点集，并且，一旦移除这些节点，就会将系统分解为碎片化、非扩展、不相连接的聚类，使得系统单元内部的信息交换无法进行。这对于无论从制定低成本且高效的防疫策略以阻断传染病传播，还是在极少数传播者（社会学领域出现意见领袖）的情况下最大限度地促进信息扩散，这些节点集的识别都是非常重要的。这类问题又叫最佳渗流，相关研究已经有 20 多年，从早期关于复杂网络的容错性和攻击承受力 [103]（可参考 [54]），到最近的拆解技术 [121，123] 等等，但多层系统面临的这些问题是近期才逐渐解决的。事实证明，像破坏 2 核（即消除循环）这类传统方式，在摧毁最大连通片时，效果不如采用多层策略 [234]（如使用多重度 [235]）有效。

上述研究既与最佳恢复策略的设计（如损伤修复 [236]）有关，又与强化复杂系统的鲁棒性有关 [237]。与相互依赖网络不同，当采用交通运输网和通信网中较大的通航性来量化时 [18]，多重系统似乎比单独的各层具有更高的弹性，当然，相关技术也被用于更好地理解真实的多层系统。人类活动与生态环境相互依存的社会－生态网络是很有意思的案例，它体现了环境和人类对环境剧变的反应。通过考察大量可重复的情形（如全球气候变暖），对特定社团的稳定性进行量化是很有可能的。例如，对处于温饱－现金混合经济模式下的阿拉斯加北部山村居民来讲，就相应的资源枯竭和社会变迁而言，后者在系统的连通性方面起到的作用更大 [8]。

1.5　muxViz：多层网络科学的工具

随着自然科学领域的研究人员和从业者不断加入，多层网络科学在不到 10 年的时间里迅速发展。如今，用于多层网络建模和分析的算法数量也非常多。但受限于以下原因，多层网络建模和分析的算法很难在实践中得到应用：

● 算法难以实现，源代码不可用；

● 源代码只能用于某种非主流（如 R、Python）的编程语言；

● 源代码可用于主流编程语言，但依赖具体的包或者库，而这些包或者库又很难安装或记录；

● 不同工具的源代码可基于不同编程语言、不同的包或者库获得。

其中，最常见的问题是，必须耗费研究人员或从业者大量的时间来整合代码，才能实现对多层网络进行表示、操作、分析和可视化。2013 年研究人员构思和研发了 muxViz[19]，是一款用于弥补上述不足的免费开源软件（https://github.com/manlius/muxViz）。

如今，会员量超过 600 个的 muxViz 被认为是多层网络分析和可视化方面最完整的软件。该软件基于 R 语言，并采用 Shiny 应用技术进行图形用户界面支持。该软件具有友好的用户界面（附录 A2），可以在任何 Web 浏览器上运行，并提供了许多可定制的图形和分析选项用于对复杂多层网络进行分析和可视化。

muxViz 的优势在于对用户的编程能力要求不高，用户既可以有编程经验（特别是 R 语言），也可以没有编程经验。他们都可以通过该软件探索具有几十个公开可用并标明出处（图 1.21）数据集的多层网络（图 1.20），但目前仍缺少将相关文件转为 muxViz 可识别格式的工具。在第 2 章，我们将详细介绍安装 muxViz 软件所需的环境，以及如何对多层网络数据的格式进行处理。

图 1.20　muxViz 的数据页面。可视化是可交互的，每个单独的数据集信息都可快速获取。

Name	Type	Directed	Weighted	Layers	Nodes	Edges	Reference
HIGGS TWITTER	social	yes	yes	4	456631	16070185	M. De Domenico, A. Lima, P. Mougel and M. Musolesi. The Anatomy of a Scientific Rumor. (Nature Open Access) Scientific Reports 3, 2980 (2013)
LONDON TRANSPORT	transportation	no	yes	13	369	503	Manlio De Domenico, Albert Solé-Ribalta, Sergio Gómez, and Alex Arenas. Navigability of interconnected networks under random failures. PNAS 111, 8351-8356 (2014)
EU-AIR TRANSPORT	transportation	no	no	37	450	3588	Alessio Cardillo, Jesús Gómez-Gardenes, Massimiliano Zanin, Miguel Romance, David Papo, Francisco del Pozo and Stefano Boccaletti. Emergence of network features from multiplexity. Scientific Reports 3, 1344 (2013)
CS-AARHUS	social	no	no	5	61	620	Matteo Magnani, Barbora Micenkova, Luca Rossi. Combinatorial Analysis of Multiple Networks. arXiv:1303.4986 (2013)
CKM PHYSICIANS INNOVATION	social	yes	no	3	246	1551	J. Coleman, E. Katz, and H. Menzel. The Diffusion of an Innovation Among Physicians. Sociometry (1957) 20:253-270
KAPFERER TAILOR SHOP	social	yes	no	4	39	1018	Kapferer B. (1972). Strategy and transaction in an African factory
KRACKHARDT HIGH TECH	social	yes	no	3	21	312	D. Krackhardt. Cognitive social structures. Social Networks (1987), 9, 104-134

图 1.21　数据页面包含一个数据集表单，可以浏览和查找特定的数据集。

2

多层网络概述

第 1 章我们简单回顾了复杂系统的网络模型，介绍了更通用的模型（即多层网络），以方便读者更好地理解经验系统的结构和动力学特征。第 2 章将基于 muxViz 框架，介绍多层网络分析和可视化的理论背景，具体来讲，我们将向读者介绍几种借助 muxViz 软件或多层网络脚本库（multilayer network library，LIB）可以实现的分析技术，而非对所有的分析技术都进行详细的调查和回顾。

2.1　多层网络的模型

muxViz 软件可以导入第一章图 1.11 总结的各类多层网络模型，其用户图形界面（图 2.1）的设计遵循线性工作流：

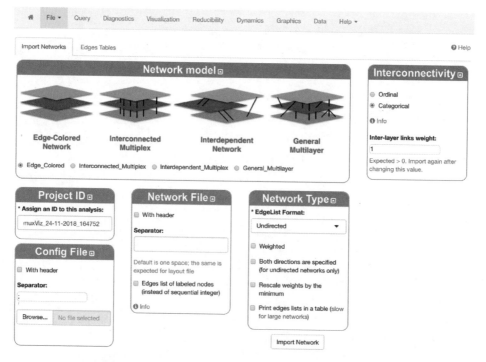

图 2.1　muxViz 的数据导入界面

（1）选择适用的多层模型；

（2）设定模型的基本参数（是否加权？是否有方向？）；

（3）设定层间连接类型并自动用于边着色模型的输入 ❶：

- 定序：只有邻接的层会发生连接，就像无向的链那样。

- 分类：所有层都彼此相连，就像无向的派系那样。

- 时序（非循环）❷：像定序类型一样，但仅在一个方向。

- 时序（循环）❸：在时序（非循环）类型的基础上，最后一层与第一层有连接。

（4）选择数据文件并导入。

2.2　多层网络的表示

多层网络在数学上通常可表示为一个 4 阶张量。第一章介绍的多层邻接张量 $M_{j\beta}^{i\alpha}$，是一个具有 4 个指标的超矩阵。多层网络的张量化表示，有利于在数学分析框架中解决多层网络中的一些问题，这将会在下一节涉及。实践中，该对象记录了位于 α 层的节点 i 与 β 层的节点 j 之间的互动强度——这种关系的强度可以是有向加权的，不需要改变张量的数学框架 [129]。即便所有的节点不同时存在于各层，该框架依然有效。例如，在城市的各种交通网络中，附近没有地铁站的地方有一个公交车站；某人注册了 Twitter 账号，但没有注册 Facebook 账号。从现实角度看，在某一层缺失的节点可通过空节点（没有连边的节点）来表示。当连边缺失时，也可将多层邻接张量中的相应条目赋值为 0，此时应小心、充分地规范化网络参数，以便合理地解释这个填补过程 [129]。

本书附录部分的 A.5 详细介绍了多层邻接张量中信息存储的不同方式。考虑到网络模型的复杂度，使用更高效的方法来存储多层间的互动是可行的。例如，无互连网络不要求存储层间连接的信息，此时只通过 3 个指标就可以记录网络关系，从而降低了模型的复杂度，即：一个指标用于标记层，另外两个指标用于标记对应的节点对。实际上，这类网络可以存储在 4 列的边列表中：一列表示层，两列表示节点，一列表示关系权重。当然，在非加权网络中，边列表也可进一步缩减为 3 列。无互连网络也可以很方便地存储在多个表中，即每一个边列表由 2—3

---

❶　该选项是必选项，因为张量框架只能安全地分析具有互连或相互依赖层的系统。

❷　在 muxViz 中只能通过独立库获得。

❸　在 muxViz 中只能通过独立库获得。

列组成（无权网络为 2 列，有权为 3 列），并分别对应某一特定的层。通常，多层网络可通过包含 5 列的边列表表示：这几列分别为始发层、始发节点、终点层、终点节点、关系权重。

一些或考虑或不考虑层间关系的方法，它们生成的多层网络或多或少都有些复杂 [238，239]。在 muxViz 软件中，用户既可以开发特定的生成模型，也可使用现成的生成算法，属于每一层都独立生成一类算法。图 2.2 用一个简单的算法，展示了 Barabasi–Albert 拓扑结构中 3 个高度相关的层的结果；图 2.3 展示了一个类似的案例，该图考虑了社团。

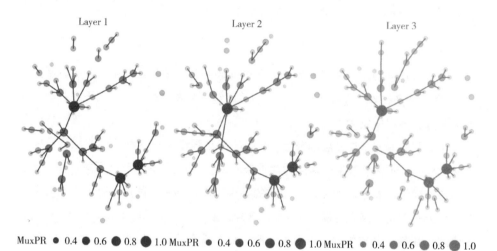

图 2.2　具有 3 层的 Barabasi–Albert 拓扑结构，由 100 个节点组成，这些节点并非在每一层都相连。不同颜色表示不同的层，节点大小表示 PageRank 值，这类可视化只能在 LIB 中使用。

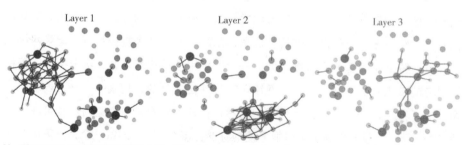

图 2.3 与图 2.2 相同，但仅针对在多层网络中存在社团的情形。此外，我们提供了每一层对应的热力图，以强调潜在的块结构，同样，这类可视化只能在 LIB 中使用。

2.3 基本张量

多层邻接张量 $M_{j\beta}^{i\alpha}$ 由四个主要的张量构成：

（1）层内互动。可进一步分为：①自身互动，即节点带有自环；②内生互动，即同一层，不同节点间互动。

（2）层间互动。可进一步分为：①缠绕交织，即节点与另一层的副本节点互动；②外生互动，即不同层的不同节点互动。

> ### 方框 2.3.1　多层网络的邻接张量
>
> 　　方框 1.1.2 介绍了邻接张量表示多重网络的本质，本着相同的原则，我们介绍在空间 $\mathbb{R}^L$ 上的规范化基向量 $e^\alpha(p)$（α，$p=1$，…，L），其中 L 是层的数量。为简化起见，我们对节点分量和层分量在标注上做了区分：用拉丁字母表示节点分量，用希腊字母表示层分量。另外，为表示集合中的第 p 个元素，如第 p 个规范向量，也使用了拉丁字母。
>
> 　　接下来，2 阶张量 $E_\beta^\alpha(pq)=e^\alpha(p)\,e_\beta(q)$ 表示在空间 $\mathbb{R}^{L\times L}$ 上的规范化基底，对多重网络来讲，可以证明 [129]：
>
> $$M_{j\beta}^{i\alpha}=\sum_{a,b=1}^{N}\sum_{p,q=1}^{L}w_{ab}(pq)\,e^i(a)\,e_j(b)\,e^\alpha(p)\,e_\beta(q) \qquad (2.1)$$
>
> 　　该公式定义了多层对象在高维空间上规范向量的克罗内克积。从 1.1.2 中我们可以发现，该对象在坐标变换的情况下，会像张量一样变换：

$$M_{j\beta}^{i\alpha} = \sum_{a,b=1}^{N} \sum_{p,q=1}^{L} w_{ab}(pq)\, Q_k^i\, e^k(a)\, (Q^{-1})_j^l\, e_l(b)\, \widetilde{Q}_\gamma^\alpha\, e^\gamma(p)\, (\widetilde{Q}^{-1})_\beta^\delta\, e_\delta(q)$$

$$= Q_k^i\, \widetilde{Q}_\gamma^\alpha\, M_{l\delta}^{k\gamma}\, (Q^{-1})_j^l\, (\widetilde{Q}^{-1})_\beta^\delta \tag{2.2}$$

方框 2.3.2　多层邻接张量的 $\mathbb{SNXI}$ 结构分解

从 $M_{j\beta}^{i\alpha}$ 中可分解出 4 个不同的张量，每个张量对应一种具体的结构关系。为避免张量对象混淆，我们用 $m_{i\alpha}^{j\beta}$ 表示 $M_{j\beta}^{i\alpha}$ 的分量，其中 i, j=1, 2, …, N；α, β=1, 2, …, L。采用 δ_i^j 和 δ_α^β 分别表示相应节点和层的克罗内克积。此时，多层网络层内、层间节点关系的四种不同作用可通过公式（2.3）表示：

$$m_{i\alpha}^{j\beta} = \underbrace{m_{i\alpha}^{j\beta}\, \delta_\alpha^\beta\, \delta_i^j + m_{i\alpha}^{j\beta}\, \delta_\alpha^\beta(1-\delta_i^j)}_{\text{层内关系}} + \underbrace{m_{i\alpha}^{j\beta}(1-\delta_\alpha^\beta)\, \delta_i^j + m_{i\alpha}^{j\beta}(1-\delta_\alpha^\beta)(1-\delta_i^j)}_{\text{层间关系}}$$

$$= \underbrace{m_{i\alpha}^{i\alpha}}_{\text{自身互动}} + \underbrace{m_{i\alpha}^{j\alpha}}_{\text{内生互动}} + \underbrace{m_{i\alpha}^{i\beta}}_{\text{外生互动}} + \underbrace{m_{i\alpha}^{j\beta}}_{\text{缠绕交织}}$$

$$= \mathbb{S}_{i\alpha}(M) + \mathbb{N}_{i\alpha}^j(M) + \mathbb{X}_{i\alpha}^\beta(M) + \mathbb{I}_{i\alpha}^\beta(M) \tag{2.3}$$

公式（2.3）是对多层邻接张 M 的 $\mathbb{SNXI}$ 结构分解，在采用张量表示多层网络时，不同的多层网络类型（图 1.11）可通过不同的 $\mathbb{SNXI}$ 分量来表示。

本章涉及张量的部分较多，因此，有必要对具有不同阶数的张量进行介绍。例如，使用 $e^i(a)$ 来表示节点空间上的 1 阶规范化张量，它对应一个具有 N 维且除第 a 个元素为 1 外，其他元素均为 0 的向量。类似地，使用 $e^\alpha(p)$ 表示层空间上的 1 阶规范化张量，它对应于一个 L 维的向量。高阶规范化张量是通过低阶规范化张量的积计算得来的。例如，使用 $E_j^i(ab)=e^i(a)e_j(b)$ 来表示层空间上的 2 阶规范化张量，它对应一个 $L \times L$ 的矩阵。从更一般的意义上看，多层规范化张量是一个 4 阶对象，可记作：$E_{j\beta}^{i\alpha}(ab; pq)=E_j^i(ab)E_\beta^\alpha(pq)$。

另一组有用的对象是通过 "1 – 张量" 表示，即张量的所有分量都为 1，正如 1 阶和 2 阶张量中 u^i 和 $U_j^i=u^iu_j$ 分别对应节点空间张量、层空间的 U^α 和 $U_\beta^\alpha=u^\alpha u_\beta$。此时多层 "1 – 张量" 可记作：$U_{j\beta}^{i\alpha} = U_j^i U_\beta^\alpha$。

克罗内克张量也是常用的对象，在节点空间中用 δ_j^i 表示，当 $i=j$ 时，其分量等于 1，反之为 0。同样地，在层空间中采用 δ_β^α 表示，在多层空间中，采用 $\delta_{j\beta}^{i\alpha}$ 表示。另外，我们采用 $F_{j\beta}^{i\alpha}=U_{j\beta}^{i\alpha} - \delta_{j\beta}^{i\alpha}$ 来表示没有自环的完整多层网络：这类网络在测度多层系统三元闭包特性方面具有重要作用。

2.4 动力学过程

单一动力学类型（图1.16）可定义较普遍的多层网络参数，从中心性指标到系统在功能模块和导航（navigability）上的组织。此处，我们简单地介绍一下这类动力学类型的最基本应用——扩散。扩散过程已成功地应用于诸多案例，从社会–技术网络的信息传播到社会系统的传染病流行，以及振荡器的同步动力学等（可参考[145]）。接下来，我们以信息扩散为例，介绍智能体（可以是一条模因或一个病原体）的传播动力学。

多层网络上的信息可通过层内连边在同一层传播，也可以通过跨层连边在不同层传播。设 $X_{i\alpha}(t)$ 为副本节点的状态张量，记录着 t 时刻节点 i 在 α 层信息的状态，该状态张量是一个 $N \times L$ 维的长方形矩阵，或 $1 \times NL$ 维度的（超）向量。控制该状态张量变化的连续性动力学方程如下：

$$\frac{dX_{j\beta}(t)}{dt} = M_{j\beta}^{i\alpha} X_{i\alpha}(t) - M_{k\gamma}^{i\alpha} U_{i\alpha} E^{k\gamma}(i\beta) X_{i\beta}(t)$$
$$= -L_{j\beta}^{i\alpha} X_{i\alpha}(t) \tag{2.4}$$

其中，$U_{i\alpha}=u_i u_\alpha$，$E^{k\gamma}(i\beta) = e^k(i) e^\gamma(\beta)$，$L_{j\beta}^{i\alpha}$是多层拉普拉斯张量（multilayer Laplacian tensor）。此类动力学非常适宜信息从节点到相邻节点的连续扩散，例如，水在小区邻居（节点）间通过管道（边）流动。扩散方程的数学解性质，即 $X_{j\beta}(t) = X_{i\alpha}(0) e^{-L_{j\beta}^{i\alpha}t}$，被证实可从拉普拉斯张量的特征值谱分析获得。进一步阅读可参考文献[129，133，158，161]。

在实际应用中，我们关注的扩散动力学通常是随时间离散化的，也就是说，节点在下一个时间点的状态，只能是从该节点转移到副本节点或其邻居节点。该过程最经典的例子是随机游走[240，241]，对应的是网络上的"马尔科夫过程"。随机游走因其在分析中的易处理性，成为分析复杂动力学过程的常用方法。尚田直树等（Masuda，Lambiotte & Porter）[242] 对这个主题进行了深入探讨，感兴趣的读者可进一步阅读。

在经典网络中，随机游走是基于局部的：游走者只能从一个节点跳跃到其附近的另一个节点。在多层网络中，游走者可以有多种选择：一方面，可以通过层内连接在两个节点之间跳跃；另一方面，也可以通过层间连接在状态节点间切换

（见图 2.4）。通过跳跃和切换，游走者能够探索整个多层结构。当然，游走的规则也可以更加复杂，从而定义更广泛的网络参数集，我们在后面章节中将有所介绍。此处需要注意的是，这些规则都可以记录到张量中，即多层转移张量通过一个主方程来控制游走的演化 [18，129]。

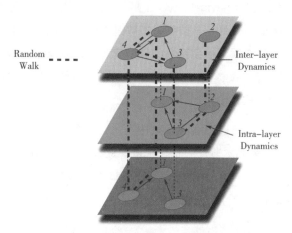

图 2.4　随机游走经典多层网络示意图 [4]。从随机搜索建模、网络系统探索与导航，到信息扩散建模，随机游走具有广泛的应用。一旦随机游走的起始节点位置确定，根据其跳转规则，接下来会面临四种动作可能：①保持不动；②跳转到同一层的相邻节点；③变为另一状态节点；④跳转到其他地方。这些动作将被记录到对应的转移张量中。依次跳转的节点和边的集合定义了其轨迹，图中用虚线表示。

将多层转移张量记为 $p_{j\beta}^{i\alpha}$，表示位于 α 层的游走者从节点 i 跳跃或切换到位于 β 层节点 j 上的可能性（其中 i，$j = 1，2，\cdots，N$）。设 $p_{i\alpha}(t)$ 表示 α 层的游走者在 t 时刻位于节点 i 的可能性，游走者在 $t+\Delta t$ 时刻位于 β 层的节点 i 的概率为 $p_{j\beta}(t+\Delta t)$，那么，主方程（爱因斯坦求和约定）可简写为：

$$p_{j\beta}(t + \Delta t) = \rho_{j\beta}^{i\alpha} p_{i\alpha}(t) \tag{2.5}$$

如果将公式（2.5）拓展开来，以表示游走者在网络中的跳跃和切换，那么公式又可以写成如下形式，即分别对应原地不动、切换、跳跃、跳跃并切换四种动态：

$$p_{j\beta}(t + \Delta t) = \underbrace{\rho_{j\beta}^{i\alpha} p_{j\beta}(t)}_{\text{原地不动}} + \underbrace{\sum_{\substack{\alpha=1 \\ \alpha\neq\beta}}^{L} \rho_{j\beta}^{i\alpha} p_{j\alpha}(t)}_{\text{切换}} + \underbrace{\sum_{\substack{i=1 \\ i\neq j}}^{N} \rho_{j\beta}^{i\beta} p_{i\beta}(t)}_{\text{跳跃}} + \underbrace{\sum_{\substack{\alpha=1 \\ \alpha\neq\beta}}^{L} \sum_{\substack{i=1 \\ i\neq j}}^{N} \rho_{j\beta}^{i\alpha} p_{i\alpha}(t)}_{\text{跳跃并切换}}$$

如果采用连续时间逼近求主方程的极限，则可以写成微分方程如下：

$$\frac{d_{p_{j\beta}(t)}}{d_t} = -\widetilde{L}_{j\beta}^{i\alpha}\, p_{i\alpha}(t) \tag{2.6}$$

其中，$\widetilde{L}_{j\beta}^{i\alpha} = \delta_{j\beta}^{i\alpha} - \rho_{j\beta}^{i\alpha}$ 又被称为标准化的多层拉普拉斯张量。该方程的解，形式上等价于扩散方程的解，区别在于拉普拉斯张量定义了传播者的动力学。更复杂的关于多层结构顶层的动力学也可以通过这种方式定义，但这超出了本书的范畴，推荐感兴趣的读者进一步阅读参考文献[56,57,142,143,145,243]和方框2.4.1。

方框 2.4.1　多层邻接张量的SNXI动力学分解

方框 2.3.2 介绍了多层邻接张量的结构分解，强调了四种不同张量的作用。类似地，也可以通过动态SNXI分解来更好的理解一系列多层动态过程，进而描述多层网络动力学。这种方法在本质上与戈鲁比茨基等（Golubitsky，Stewart & Török）构建的耦合细胞网络类似 [244]，区别在于此处的结构和动力学效应是明确分开的。

设 $x_{i\alpha}^l$（$l \in \{1,\ 2,\ \cdots,\ C\}$ 表示 C 维向量 $x_{i\alpha}$ 的第 l 个分量，其中 $x_{i\alpha}$ 为 α 层 i 节点的状态，通过 $X(t) \equiv (x_{11},\ x_{21},\ \cdots,\ x_{N1},\ x_{12},\ x_{22},\ \cdots,\ x_{N2},\ \cdots,\ x_{1L},\ x_{2L},\ \cdots,\ x_{NL})$ 表示。决定每个演化状态的一般动力学机制可以通过下面的方程组表示,该方程组将层内和层间不同的动力学机制通过结构SNXI分解开来：

$$\dot{x}_{i\alpha}(t) = F_{i\alpha}(X(t)) = \sum_{\beta=1}^{L}\sum_{j=1}^{N} f_{i\alpha}^{j\beta}(X(t))$$

$$= \underbrace{\sum_{\beta=1}^{L}\sum_{j=1}^{N} f_{i\alpha}^{j\beta}(X(t))\,\delta_\alpha^\beta\,\delta_i^j + \sum_{\beta=1}^{L}\sum_{j=1}^{N} f_{i\alpha}^{j\beta}(X(t))\,\delta_\alpha^\beta(1-\delta_i^j)}_{\text{层内动力}} +$$

$$\underbrace{\sum_{\beta=1}^{L}\sum_{j=1}^{N} f_{i\alpha}^{j\beta}(X(t))(1-\delta_\alpha^\beta)\,\delta_i^j + \sum_{\beta=1}^{L}\sum_{j=1}^{N} f_{i\alpha}^{j\beta}(X(t))(1-\delta_\alpha^\beta)(1-\delta_i^j)}_{\text{层间动力}}$$

$$= \underbrace{f_{i\alpha}^{i\alpha}(X(t))}_{\text{自身互动}} + \underbrace{\sum_{j\neq i} f_{i\alpha}^{j\alpha}(X(t))}_{\text{内生互动}} + \underbrace{\sum_{\beta\neq\alpha}\sum_{j\neq i} f_{i\alpha}^{j\beta}(X(t))}_{\text{外生互动}} + \underbrace{\sum_{\beta\neq\alpha} f_{i\alpha}^{i\beta}(X(t))}_{\text{缠绕交织}}$$

$$= \mathbb{S}_{i\alpha}(X(t)) + \mathbb{N}_{i\alpha}(X(t)) + \mathbb{X}_{i\alpha}(X(t)) + \mathbb{I}_{i\alpha}(X(t)) \tag{2.7}$$

3

多层分析：基础和微观尺度

　　一旦通过多层邻接张量来表示节点和各层的连通性，就可以定义一套新的参数，用于描述系统的多层结构特征。但如果不分场景地使用现有方法，很容易产生误导性的结果 [143]。第三章主要介绍 muxViz 中的一些方法。

3.1　每一层的描述性统计

　　与各层相对应的 2 阶邻接张量，可通过将多层邻接完全投射到 2 阶规范张量上。我们以低维问题为例展开。设 v_i 为一个向量，记录了传统网络节点的一些信息：该向量有 N 个维度，我们想抽取单独的分量（即标量）来代表第 a 个节点。该过程可通过将向量投影到另一个向量上得到，即第 a 个节点的规范基 $e^i(a)$。投影其实是内积，对应 $v_i e^i(a)$。

　　同样地，这一过程也可在高阶张量上进行，例如 2 阶邻近矩阵 A_j^i，其中第 b 列是记录了网络其他节点连向节点 b 的一个向量。接下来，对相应的规范向量投影，结果可用向量 $A_j^i e^j(b)$ 表示。

　　该方法对高维问题同样适用，可用在多层邻接张量上。如果我们想抽取第 p 层（2 阶张量），则需要对相应的 2 阶规范张量 $M_{j\beta}^{i\alpha} E_\alpha^\beta(pp) = G_j^i(p)$ 进行投影。一旦获得了各层的 2 阶邻接张量，就可以对其相应的传统网络进行一些程序性的分析，此时并不会发现多层效应。muxViz 软件能够对以下项目的密度分布进行分析：

● 节点（nodes）：每一层中非孤立点的数量。

● 连边（edges）：每一层中连边的数量。

● 密度（density）：连边数量与节点数之间的比率，用以估计每一层的平均度❶。

● 分量（components）：每一层中相互连接的社团。

● 直径（diameter）：每一层直径的大小，即最长的两点间最短路径的长度。

● 平均路径长度（mean path length）：每一层全部最短路径的样本均值。

　　一旦获得了每一层的邻接张量，用户就可以通过 R 语言或者 muxViz 自带的 LIB 库进行深入分析。在研究单层网络动态时，不同数据格式的处理效率是不同的；

❶　将密度定义为连边数量与最大期望连边数量（例如，无向无自环网络为 $N(N-1)/2$，有向无自环网络为 $N(N-1)$，有向有自环网络为 N^2）的比值是较为常见的。

即如果每一层的数据单独存储在一个文件中，导入这些数据并跳过 LIB 直接进行网络分析更有效（LIB 旨在处理多层网络数据）。

3.2 聚合网络

顾名思义，聚合网络是对多层系统的聚合表示 [129]。将多层网络进行聚合的方式有很多，每一种方式的关注点各不同。使用聚合网络的原因有：①给系统降维，避免处理高阶张量；②过滤噪音信息。通常，聚合被用于描述静态网络，而时间依赖网络（即时态网络）是多层邻接张量中的一个特例 [129，143]，由于结构表征中存在表示时间箭头的特殊方向，分析此类系统时需要非常谨慎。从历史上看，时态网络在多层网络的数学公式发展之前，就已经被一群研究人员深入探索过，并引入了一系列网络参数 [56，57]。但关于时态多层网络和静态多层网络分析方法的统一，目前仍是具有挑战性的工作，这对发展网络科学及相关数学理论具有重要意义。

无论信息聚合的动机为何，需要注意的是，分析聚合网络而忽视对多层系统的分析，会导致虚假的、误导性的结果，特别是当各层间相互作用很重要，且这种作用又不能被忽视的时候。然而，这种情况又并非经常存在，正如后面章节中所提到的，对多层网络进行降维和聚合后，有时得到的聚合网络对现实系统的描述还是很有代表性的。

目前，学界的标准是对多层分析结果和聚合分析结果进行比较，它能回答一些很重要的问题，比如："多层表示是否必须？""分开研究各层信息或者研究聚合网络，是否可以获得相同的结论？"

图 3.1 显示了获取聚合网络的最简单的操作：

● 求和（sum）：将每一层对应的 2 阶邻接张量进行加和，从而构建新的、相同维度的 2 阶邻接张量，来表示新形成的网络，其中，节点 i 和节点 j 之间连线的权重，是它们在不同层间的连线权重的加和。

● 平均（average）：与求和类似，不同之处在于，不同层间的连线权重求和后，需要除以层数 L，用以表示平均的互动强度。

● 并集（union）：对于每一个节点对（节点 i 和节点 j），如果在至少 1 层中有关联，那么，在其聚合网络中就会有一条连线，在这种情况下，如何处理加权网络并不清楚，其结果通常是一个非加权网络。

● 交集（intersection）：如同并集中的情况，但考虑了层间的交集，即当且仅当节点 i 和节点 j 在所有层都存在连线时，聚合网络中才存在这两点间的连线。

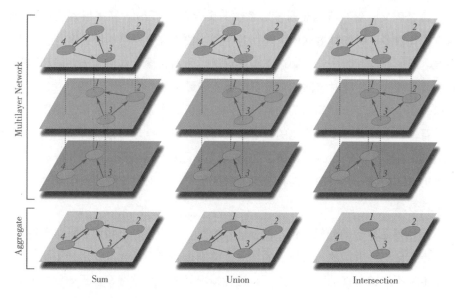

图 3.1　多层网络的不同聚合方法 [4]。

在分析中，muxViz 软件默认通过求和的方法进行网络聚合，因为这样能够保留整体连接的权重。在进行可视化展示时，则可选择交集或并集的方式，用来更好地布局所生成的可视化网络。聚合网络 G^i_j 是一个单重网络，以求和为例，该网络是通过减少多层邻接张量层的指标来获得的，即 $G^i_j = M^{i\alpha}_{j\alpha}$。这种聚合方式忽略了层间连边的权重，但如果层间连边在分析中很重要，则可通过将多层邻接张量收缩成 2 阶 1 – 张量 U^{β}_{α}，其聚合网络的数学表达为：$\overline{G}^i_j = M^{i\alpha}_{j\beta} U^{\beta}_{\alpha}$。

3.3　层间关系

多层网络中层与层之间的耦合关系会导致网络结构特征发生很大的变化。根据是否存在层间连边（即我们研究的系统是否相互联系），耦合关系可分为多种类型。对无互连多重网络来讲，用来量化层间关系的方法有很多（参见文献 [151，152，245，246]）。但我们更关心的是层间存在连边的网络，这种网络结构会引发系统产生许多有趣的结构和动力学现象。例如，在社会网络中，一条层间连边可用于观点动力网络中自我强化模型的构建 [213]；在交通网络中，可用来对服务于相同地理区域的不同交通模式进行建模，此时，层间连接的权重可调整为在两种模式间切换的成本（如时间成本、经济成本等）[18，182]。

层内和层间连接的相对重要性，决定了多层网络大部分的结构和动力学特征，它可以使系统成为结构上的解耦系统（即由相互独立的实体构成）或相互依赖系统。尽管我们在有些案例中可以发现一些急剧的结构变化 [193，221]，但这两种拓扑结构间的过渡仍是一个非常活跃的研究领域。

muxViz 软件中，存在以下可测度层间关系的方法 [10，129，152，247]:

● 平均节点重叠：测度同时存在于 α 层和 β 层的节点数量，其公式为：

$$o_n(\alpha, \beta) = m[e(W_j^i(\alpha)), e(W_j^i(\beta))] u_i/N \tag{3.1}$$

其中，$e(\cdot)$ 是一个函数，根据节点是否存在于层上，会在节点空间中返回一个条目为 0 或 1 的向量；$m(\cdot)$ 是一个函数，返回两个张量的最小值。

● 平均连边重叠：测度 α 层和 β 层连边出现的数量，其公式为：

$$o_e(\alpha, \beta) = \frac{2 U_i^j m[W_j^i(\alpha), W_j^i(\beta)]}{W_j^i(\alpha) U_i^j + W_j^i(\beta) U_i^j} \tag{3.2}$$

● 层间同配性（Pearson 相关）：测度层与层之间度向量的 Pearson 相关性，即不同层之间平均的度 – 度相关性。如果 $k^i(\alpha)$ 表示 α 层的度向量（出度、入度或二者的总和），则层间同配性可表示为：

$$r_p(\alpha, \beta) = \frac{\text{cov}[k^i(\alpha), k^i(\beta)]}{\sigma[k^i(\alpha)] \sigma k^i(\beta)} \tag{3.3}$$

其中，$\text{cov}(\cdot, \cdot)$ 表示协方差，$\sigma(\cdot)$ 表示标准差。

● 层间同配性（Spearman 相关）：与上一个方法相同，只不过将下标 p 用 Spearman 相关代替了 Pearson 相关❶。

● 层间相似性（节点间最短路径的距离）：根据节点之间最短路径的距离测

---

❶ 此处 ρ 是 Pearson 系数，而非变量的值。

度层间路径的相似性。如果 $D_j^i(\alpha)$ 表示 α 层任意节点之间的最短路径，$\Delta_j^i(\alpha,\ \beta)=D_j^i(\alpha)-D_j^i(\beta)$，则层间相似性的公式可记为：

$$r_{sp} = \sqrt{\Delta_j^i(\alpha,\ \beta)\Delta_i^i(\alpha,\ \beta)} \qquad (3.4)$$

基于同配性的方法可以有很多操作，这主要取决于网络是否有方向。在无向网络中，节点总度数（T）、入度（I）和出度（O）并不会发生变化；但在有向网络中，通过不同类型的组合（如 I-I，I-O，O-I，O-O，T-T）来探索层与层之间的相关性，也可能会得出一些有趣的结论。例如，某一层可能是枢纽（hub）的节点，通常位于另一层的边缘，这种现象通常具有统计学显著性。在有向网络中（如在线社交网络），评估在 Twitter 上有影响力的用户（有众多粉丝的用户）在其他社交平台（如 Instagram）上也有影响力的可能性，这种类型的分析可以揭示系统及其参与者大量的结构性信息。图 3.2 展示了真实系统中层间关系的测度方法。整体上看，除 I-O

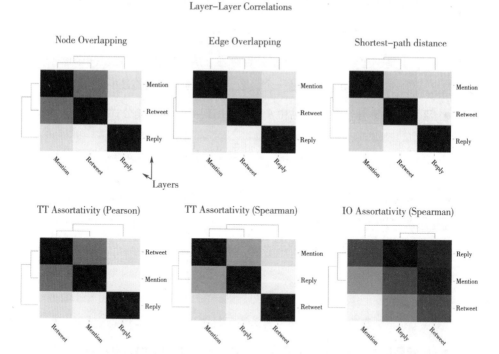

图 3.2　真实多层社会系统层间关系的不同测度方法。数据记录了 2017 年墨西哥坎昆举办复杂系统会议期间 Twitter 用户的互动。层表示系统中不同的社会行动：回复（谁对某人发布的信息进行了回复），提及（谁提到了某人，不论之前是否存在相关信息），转推（谁对某人发布的信息进行了支持）。这三类行动社会层面的含义不同，研究它们之间的相关性是有意义的。此处用到了 muxViz 中所有测度层间相关性的方法，颜色表示相关性强弱（颜色越深，相关性越强）。相关系数被用于将层进行聚类，以获取更多的关于这种复杂社会行为的信息。

类型外，其他测度方法得到的层间相关性基本相同，I–O 类型的结果提示：能够频繁回复其他用户的用户更有可能被他人转推，至少对该数据集而言是这样的。

图 3.3 展示了由 5 层组成的多层网络，它们层间连边的重叠程度不断增加。第 1 层由 100 个节点通过 BA 模型生成，接下来的第 2–5 层是分别按边重叠的固定比例 25%、50%、75%、95% 重组其连通性生成的网络。

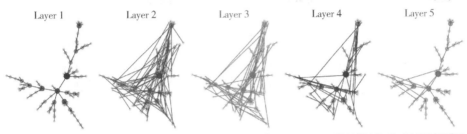

图 3.3 由 5 层组成的多重网络，其连边的重叠比例不断增加。

另一个涉及多层网络生成的案例可用来验证层内或层间是否存在显著的关系。这类模型可理解为用于分析单层网络配置模型相对应的多层网络，只不过，此处有两种不同的模型：

● Type-I：生成随机多层网络，其度数序列由原始网络确定，破坏层内关系，保留层间关系。

● Type-II：与 Type-I 类似，但同时破坏层间关系。

图 3.4 显示了多层网络与两个不同类型配置模型的层间关系。随附的代码可进行更多的交互分析，除了层间关系外，还可分析层内关系。

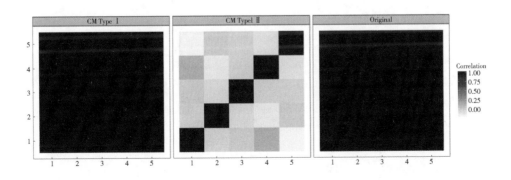

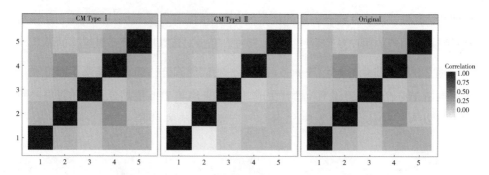

图 3.4 由 100 个节点和 5 个层构成的多层网络层间关系（TT 同配性，Pearson）。左侧列是 Type–I 配置模型，中间列是 Type–II 配置模型，右侧列是原始多层网络。上面 3 个采用与图 3.3 相同的模型；下面 3 个采用 ER 网络，连线概率设定为 p=0.07。正如所预料的那样，原始网络和 Type–I 配置网络的相关性矩阵是同形的，但在 Type–II 中有所不同。

3.4　各层的网络

　　我们发现，多层网络的表示方法之一是将网络聚合成传统网络，其中节点的数量被保留下来，连边则由某些规则决定（求和、均值、交集和并集）。然而，这并不是对多层网络进行聚合以粗略获取其结构的唯一方法。另一种方法是将多层邻接张量投影到层空间上：在生成的网络上，节点对应层，连边记录层间连接，自环记录层内连接 [129]，见图 3.5。通常，这类网络是带权重的，或有向的（如果层内连接是有向的），结果是一个 $L \times L$ 维度的 2 阶邻接张量，其公式为：

$$\psi_\sigma^\gamma = M_{j\beta}^{i\gamma} U_i^j \qquad (3.5)$$

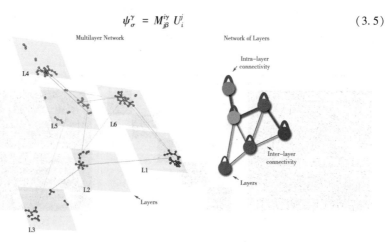

图 3.5 由 6 层构成的多层网络及其聚合网络（展示各层是如何相连的）[4]。在层网络中，连边的厚度与层内或层间连边的数量成比例。

3.5 多层线路、轨迹、路径、环和回路

正如在传统网络中那样，我们可以定义一些基本概念，以对多层系统进行探索。例如线路（walks）就是涉及这些多层系统的一个基本概念，指在没有任何约束情况下走过的节点和连边的序列。图3.6对多层网络中的线路进行了介绍，线路的长度通常由遍历的边的数量确定。

对于传统无权网络，常用2阶张量表示（邻接矩阵的条目只有0或1两个选项）线路长度，可以计算由节点 i 到任意节点 j 的线路长度 l。如果 $i \neq j$，则线路是开放式的；反之，则是封闭式的。如果用 $W_j^i(l)$ 表示网络上任意两个节点间线路长度的2阶张量，则：

$$W_j^i(l) = (A_j^i)^l = A_{j1}^i A_{j2}^{j1} \cdots A_j^{jl-1} \tag{3.6}$$

换句话说，可以直接通过计算2阶邻接张量的 l 次方对网络信息进行表示，如果连边是加权的，也可以用相同的形式，将遍历后边权的乘积作为线路的权重。$W_j^i(l)$ 则是节点间长度为 l 的线路的总权重之和。对于像多层网络这样较为复杂的结构，也可以用同样的方式进行计算。如果用 $M_{j\beta}^{i\alpha}$ 表示一个4阶邻接张量组成的系统，则该张量的 l 次方代表了多层线路中，α 层的节点 i 与 β 层的节点 j 之间长度为 l 的连边数量：

$$M_{j\beta}^{i\alpha}(l) = M_{j_1\beta_1}^{i\alpha} M_{j_2\beta_2}^{j_1\beta_1} \cdots M_{j\beta}^{j_{l-1}\beta_{l-1}} \tag{3.7}$$

这种形式能够突出层间连接网络和其聚合网络间的拓扑差异[129，248]。此处 $\bar{G}_j^i = M_{j\beta}^{i\alpha} U_\alpha^\beta$ 是考虑层间连接的聚合网络，它对应的2阶线路张量展示了在聚合网络上，两个节点间长度为 l 的线路数量；而非多层网络中，长度为 l 的两个节点间线路数量的线性函数。

$$\overline{W}_j^i(l) = (\bar{G}_j^i)^l = \bar{G}_{j1}^i \bar{G}_{j2}^i \cdots \bar{G}_j^{jl-1}$$
$$= M_{j_1\beta_1}^{i\alpha} U_\alpha^{\beta_1} M_{j_2\beta_2}^{j_1\beta_1} U_{\beta_1}^{\beta_2} \cdots M_{j\beta}^{j_{l-1}\beta_{l-1}} U_{\beta_{l-1}}^\beta$$
$$= \underbrace{(M_{j_1\beta_1}^{i\alpha} M_{j_2\beta_2}^{j_1\beta_1} \cdots M_{j\beta}^{j_{l-1}\beta_{l-1}})}_{w_{j\beta}^{i\alpha}(l)} \underbrace{(U_\alpha^{\beta_1} U_{\beta_1}^{\beta_2} \cdots U_{\beta_{l-1}}^\beta)}_{U_\beta^\alpha l^{l-1}} \tag{3.8}$$

另外，可以为多层线路设定一些约束条件，以更精准地获取遍历的边。例如，我们可能想获取那些连边只能遍历1次的线路，这种对重复性连边的约束形成了

一个多层轨迹（trail）：在一个开放的多层轨迹中，如果增加"节点不能重复"的约束，则层形成多层路径（path）；一个封闭的轨迹中若只有出发节点和终止节点可以重复，则会形成多层环（cycle）；而如果一个封闭的轨迹中允许节点出现重复，则形成多层回路（circuit），见图3.6。

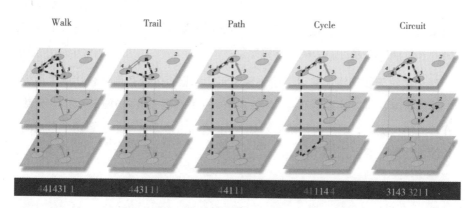

图 3.6　多层网络上不同类型的线路 [4]。多层线路是遍历多层系统中的节点和连线最常见的方式。我们可以对遍历的节点或连边、起始节点等的可重复性施加约束，来划分一些特殊的类型，例如多层网络轨迹、路径、环、回路。图中，每种类型的线路所遍历的节点和边用虚线表示，其遍历的序列在底部用数字表示。

　　最短路径是网络中最重要的线路。例如，可以对信息在两个节点间进行交换的最短路径建模，此时遍历的节点和连边的数量最少。在多层网络两节点间的各种路径中，最短路径的长度通常用来衡量两个节点的距离。这种测地距离在无向网络中是有效的，但在有向连边的情况下不再满足条件（因为三角不等式的存在）❶。

---

❶　多层最短路径及其参数在 muxViz LIB 中有提供，但不在 GUI 中。

4

多层通用性和三元组

从对城市交通拥堵的预测，到个人在市场竞争中参与度的最大化，再到设计有效的阻断策略防止传染病在人群中传播，在这些广泛的应用场景中，节点识别在复杂系统中扮演着重要的角色。与传统网络相同，复杂系统也可根据研究兴趣将节点赋予不同的含义，如重要性（importance）、影响力（influence）、相关性（relevance）等。通常，多层系统有两类中心性指标：一类用于测度无互连多重系统，一类用于测度互连多层系统。目前尽管已经有学者提出了一些多重中心性（multiplex centrality）指标 [151，175，249–253]，但此处，我们重点关注 muxViz 中的第二类指标，它本质上是将张量与传统指标融合后衍生出来的 [10，129，162，254]，被称为通用性指标（versatility measures）。

4.1 多层网络的节点中心性

人们可能好奇，通用性指标的计算在多大程度上能够为以下两个问题提供新的观点，并且从一般意义上看比传统指标更重要：

- 在各层分别计算与传统方法相同的指标，然后探索性地对结果进行聚合。

- 在聚合网络上计算与传统方法相同的指标。

简单来讲，孤立地考虑耦合系统的各层或将它们聚合到传统网络中，可能会产生一个比较糟糕的网络动力学或结构模型。具体来讲：在第一种情况下，人们聚合结果的方式可能会明显地改变它们的排序，从整体上看，结构相关性在定义每个节点重要性方面扮演着关键角色，但人们通常忽略可能存在的结构相关性；在第二种情况下，人们过滤掉了层间存在的相关性，引入信息传播的虚假路径，从而改变了对节点中心性的估计。另外，聚合可能会导致局部结构退化，不利于中心节点的识别。

图 4.1 展示了科学家（节点）合作（边）发表论文形成的复杂系统 [10]。一篇论文的完成得益于研究构思与设计、实验、撰写论文等不同的子任务，因此，每一项子任务可作为单独的一层。图中案例展示了一项看似合理的探索性分析，如利用每一层得到的结果以及对系统进行聚合表征来计算中心性，得出的结果具有一定的迷惑性。事实上，单层网络分析错失了对 Carol 这种跨层角色的分析，此时的聚合分析因拓扑结构退化成派系而得出了没有价值的结果，也就是说，全部节点间都存在连边，每个节点都不比其他节点更重要。接下来，我们将引入多

层中心性或通用性的概念。

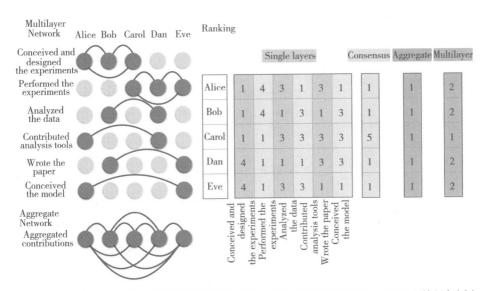

图4.1 论文合作者形成的多层网络示意图[10]。5位合作者在合作中承担了不同的任务(例如分析数据、撰写初稿等),将每种任务定义为一层,如果合作者承担了相同的任务,则会在层间产生一条连边。该多层系统的聚合网络也显示在底部,对应一个派系。任何对该聚合网络的中心性分析都是无意义的,因为任何合作者都会因网络拓扑结构的对称性而成为中心。单独分析每一层会为每个任务产生一个排名:6个不同的排名必须尝试(例如通过达成共识的规则)聚合成一个单独的排名。该案例结果显示,除了Carol外(中心性较低,她同时参与了2个任务,而其他人则参与了3个任务),其他合作者的重要性相同,因此Carol在此次探索性分析中排名不佳。但是,Carol却在这2个任务中成为最为活跃的作者,因为在这2个任务中她连接了最大数量的活跃者,并在非重叠的2组合作者间的信息交换中扮演了关键角色:多层分析的结果实际上将Carol划分成了最多功能的作者,与预期一致。

4.1.1　多层度数和强度中心性

度中心性是最简单的中心性测度指标。相对于传统的度中心性指标,多层度中心性是一种局部(local)度量,用以测度某节点边的数量[129]。如果网络是有向的,我们通常用入度和出度将其加以区分,其中,入度是相邻节点指向该节点的边的数量,出度是该节点指向其他相邻节点的边的数量,网络的总度数即出度和入度的加和。但当网络是无向的时,为避免重复计算边的数量,无向网络的总度数通常由有向网络的总度数除以2得到。多层度数通常由多层邻接张量的运算来确定，但一般来讲，该张量可以表示加权网络。为避免混淆，我们先介绍下 $B(\cdot)$ 函数，该函数作用于张量的每个条目，如果条目大于 0 则返回 1，反之返回 0，因此，该函数本质上是一个二值化的张量。

还有两种情况需要区分，这取决于是否对层间连接感兴趣。如果不考虑层间连接，那么多层入度可定义为：

$$k^i = B(M^{i\alpha}_{j\alpha})\mu^j = B(G^i_j)\mu^j \tag{4.1}$$

多层出度可定义为：

$$k_j = B(M^{i\alpha}_{j\alpha})\mu_i = B(G^i_j)\mu_i \tag{4.2}$$

细心的读者可能会发现，多层入度与出度的区别在于收缩多层邻接张量的"1 - 张量"：入度用逆变向量表示，出度用协变向量表示。当多层网络是无向网络（此时出度和入度与总度数一致）时，上面两个公式之间的区别也随之消失。此外，我们也会很容易地推导出，这种类型的多层度数与相应的二值聚合网络的度数一致。如果考虑层间连边，此时的多层入度可定义为：

$$k^i = B(M^{i\alpha}_{j\beta}) U^\beta_\alpha \mu^j = B(\bar{G})^i_j \mu^j \tag{4.3}$$

多层出度可定义为：

$$K_j = B(M^{i\alpha}_{j\beta}) U^\beta_\alpha \mu_i = B(\bar{G})^i_j \mu_i \tag{4.4}$$

实践中，需考虑层间连边的情况对应于将多层网络映射到聚合网络上，并对不同层上的节点增加自环。但在实际应用中，边的权重信息很重要，此时需要用到另一套测度方法：多层强度中心性(multilayer strength centrality)。从形式上看，其定义与传统度中心性的定义相似，此时采用 $M^{i\alpha}_{j\beta}$ 来代替 $B(M^{i\alpha}_{j\beta})$。如果不考虑层间连边，那么多层入强度中心性和出强度中心性的定义分别为：

$$s^i = M^{i\alpha}_{j\alpha}\mu^j = G^i_j u^j \tag{4.5}$$

$$s_j = M^{i\alpha}_{j\alpha}u_i = G^i_j u_i \tag{4.6}$$

相反，如果考虑层间连边，那么多层入强度中心性和出强度中心性的定义分别为：

$$S^i = M^{i\alpha}_{j\beta} U^\beta_\alpha u^j = \bar{G}^i_j \mu^j \tag{4.7}$$

$$S_j = M^{i\alpha}_{j\beta} U^\beta_\alpha u_i = \bar{G}^i_j u_i \tag{4.8}$$

第二种情况下需要注意的是，在相应聚合网络的计算方面，存在于多个层上的节点增加了自环，且自环的权重等于相应层间权重的和。

多层特征向量中心性

传统网络中常用的一个重要测度方法是特征向量中心性，其计算是基于在 2 阶邻接张量上找到一个主导特征向量（leading eigenvector）v_i：

$$W_j^i v_i = \lambda v_j \tag{4.9}$$

在多层网络中，该问题被转移到一个 4 阶张量上，使得问题的本质变成在公式（4.10）中，找到一个主导特征向量：

$$M_{j\beta}^{i\alpha} V_{i\alpha} = \lambda_1 V_{j\beta} \tag{4.10}$$

这个问题较难且没有唯一解。一般对该问题的解决方法是基于对 $M_{j\beta}^{i\alpha}$ 的矩阵化（matricization）或扁平化（flattening），即将其相应地展开到低维张量上 [7]。实际上，在前面章节中我们探讨过这一问题，即借助超邻接矩阵（图 1.13）。扁平化的方法可以将一个 $N \times N$ 的 2 阶张量 W_j^i 转为具有 N^2 个分量的 1 阶张量 W^k 上（图 4.2 和图 4.3）。同样，一个 $N \times N \times L \times L$ 的张量（如 $M_{j\beta}^{i\alpha}$）可以展开为一个 2 阶张量的平方，类似由 $NL \times NL$ 个分量组成的超邻接矩阵（$\tilde{M}_l^k$）❶。

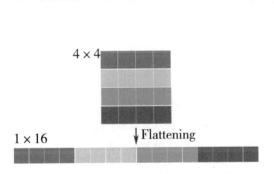

图 4.2　将 4×4 的一个 2 阶张量扁平化为一个 1×16 的 1 阶张量示意图。

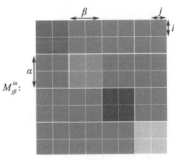

图 4.3　一个节点 N=2，层 L=4 的系统，可通过多层邻接张量 $M_{j\beta}^{i\alpha}$ 表示。其扁平化的结果是一个由 $NL \times NL$ 组成的超邻接矩阵。

展开的张量可用于解决 4 阶张量的原始特征值问题。而对应的主导特征向量

---

❶　这种扁平化的表示形式与大小为 N^2 的对角线的排列一样多，即 $L!$。展开并不改变光谱特性（spectral properties），但对算法输出结果的解读要谨慎一些。

（具有 4 个分量的超向量，对应特征张量 $\tilde{v}_l$ 的扁平化）则是下面公式的解：

$$\widetilde{M}_l^k \, \tilde{v}_k = \tilde{\lambda}_1 \, \tilde{v}_l \tag{4.11}$$

这与考虑到各层整体互连结构时，计算每一层每个节点的 Bonacich 特征向量中心性对应。但是，这种解决方案并不总是符合人们的预期。实践中，人们往往希望能够使用一个单纯的数字而不是一个向量来表示每个节点的中心性。如果每层的贡献相同，则每层的权重相同，此时可通过对相应各层的得分进行求和，以获取全局通用特征向量（overall eigenvector versatility），这种方式已通过多智能体模拟计算相同得分的方式得到了验证 [10]：

$$v_i = V_{i\alpha}u^\alpha \tag{4.12}$$

更一般地讲，如果各层贡献不同，人们则可以通过向量 ω^α 为每层赋一个权重，当各层贡献相同时，$\omega^\alpha = u^\alpha$。从实用角度出发，这种方法通常需要进行标准化，以便于不同网络间的横向比较，例如针对单层网络和聚合网络得出结果的分析。

方框 4.1.1　传统指标与其多层通用性指标的比较

第 p 层的特征向量中心性的计算公式为：

$$v_j(p) = \lambda_1^{-1}(p) \, G_j^i(p) \, v_i(p) = \lambda_1^{-1}(p) \, G_{j\beta}^{ia} \, E_\alpha^\beta(pp) \, v_i(p) \tag{4.13}$$

为获得全局中心性向量，必须对聚合结果进行探索，其中最简单的方案是将各层求和：

$$\tilde{v}_j = \sum_{p=1}^{L} \lambda_1^{-1}(p) \, M_{j\beta}^{i\alpha} \, E_\alpha^\beta(pp) \, v_i(p)$$

$$= M_{j\beta}^{i\alpha} \sum_{p=1}^{L} \lambda_1^{-1}(p) \, E_\alpha^\beta(pp) \, v_i(p) \tag{4.14}$$

同样地，特征向量中心性是从聚合网络中，通过公式（4.15）获得的：

$$\bar{v}_j = \bar{\lambda}_1^{-1} \, \bar{G}_j^i \, \bar{v}_i$$

$$= \bar{\lambda}_1^{-1} \, M_{j\beta}^{i\alpha} \, u^\beta, \quad \bar{V}_{i\alpha} = \bar{v}_i \, u_\alpha \tag{4.15}$$

而多层特征向量中心性的公式为：

$$v_j = \lambda_1^{-1} \, M_{j\beta}^{i\alpha} \, V_{i\alpha} u^\beta \tag{4.16}$$

其中，多层特征向量中心性与传统特征向量中心性的差为：

$$v_j - \bar{v}_j = M_{j\beta}^{i\alpha} \, u^\beta \left[\lambda_1^{-1} \, V_{i\alpha} - \bar{\lambda}_1^{-1} \, \bar{V}_{i\alpha} \right], \quad \bar{V}_{i\alpha} = \bar{v}_i \, u_\alpha \tag{4.17}$$

$$v_j - \tilde{v}_j = M_{j\beta}^{i\alpha} \left[\lambda_1^{-1} \, V_{i\alpha} \, u^\beta - \sum_{p=1}^{L} \lambda_1^{-1}(p) \, E_\alpha^\beta(pp) \, v_i(p) \right] \tag{4.18}$$

上述公式显示，这两个向量是相互联系的，通过层间耦合可对它们的差值变化情况进行分析，例如采用特征值扰动分析。

4.1.2 多层 Katz 中心性

Katz 中心性是卡茨（Katz）最早提出的一项指标，用以克服特征向量中心性在有向网络中的一些缺陷。在多层分析的背景下，Katz 通用性指标可通过张量方程的形式表示为 [10]：

$$\Phi_{j\beta} = a \, M_{j\beta}^{i\alpha} \, \Phi_{i\alpha} + b \, u_{j\beta} \qquad (4.19)$$

$$\Phi_{j\beta} = \left[\left(\delta - aM \right)^{-1} \right]_{j\beta}^{i\alpha} U_{i\alpha} \qquad (4.20)$$

其中 $\delta_{j\beta}^{i\alpha} = \delta_j^i \delta_\beta^\alpha$，$a$ 是一个小于最大特征值的常量，b 是另一个常量，通常为 1。对于通用特征向量，不同层的 Katz 通用性指标可通过对"1-张量"的适当压缩表示，即通过记录各层权重的 ω^α 向量表示：

$$\Phi_i = \Phi_{i\alpha} u^\alpha \qquad (4.21)$$

4.1.3 多层 HITS 中心性

乔恩·克莱恩伯格（Jon Kleinberg）引入了 HITS（hyperlink-induced topic search）中心性，最初是基于网络的方法对万维网（1991 年欧洲核子组织建立了第一个网站）进行排名。类似 Katz 中心性，HITS 中心性克服了特征向量中心性的一些缺陷，可安全地用于有向网络中。该方法可区别两种类型的节点：①权威节点（authorities，被枢纽节点指向的节点）；②枢纽节点（hub，指向众多其他节点的节点）。HITS 中心性 [10] 的多层通用性指标可通过解决如下两个特征值得到：

$$\left(MM^{\mathrm{T}} \right)_{j\beta}^{i\alpha} \Gamma_{i\alpha} = \lambda_1 \, \Gamma_{j\beta} \qquad (4.22)$$

$$\left(M^{\mathrm{T}}M \right)_{j\beta}^{i\alpha} Y_{i\alpha} = \lambda_1 \, Y_{j\beta} \qquad (4.23)$$

其中，T 表示转置符号，$\Gamma_{i\alpha}$ 和 $Y_{i\alpha}$ 表示枢纽节点和权威节点的通用性指标，它们分别代表了单层单个节点的得分，计算公式如下：

$$\gamma_i = \Gamma_{i\alpha} u^\alpha \qquad (4.24)$$

$$v_i = \mathbf{Y}_{i\alpha} u^\alpha \tag{4.25}$$

它们提供了一个唯一的全局通用性向量，即这种压缩可通过记录各层权重的 ω^α 向量表示。

4.1.4　多层 PageRank 中心性

20 世纪 90 年代末，对网页进行排名是十分重要的课题——万维网的快速发展使得检索特定信息成为一项技术挑战。在由万维网构成的网络上，分析信息流动进而判断网页重要性、并对其进行排名，是一项可行的解决方案。斯坦福大学的两名年轻的学生谢尔盖·布林（Sergey Brin）和拉里·佩奇（Larry Page）引入随机游走的思想，克服了特征向量和 Katz 中心性的缺陷。随机游走者在节点（网页）上既可以跳到相邻节点上的网页，也可以瞬间被传送到网络上的任何地方，甚至被传送到与之没有关系的地方，后面的这一行动对应着从一个网页以相同概率随机跳转到另一个网页 [255]。这一算法被称为 PageRank 算法，目前已成为排序的重要方法，而且是谷歌（Google）用来从数十亿的网页中搜索最相关网页的核心算法。

从传统方法拓展到多层网络方法，其本质是基于多层随机游走 [18]（见图 2.4）。它解释了节点向同一层邻近节点跳跃，以及通过层间连边向其他层节点转移这两种状态的相互作用。当层间连边不存在时，其他针对耦合层的特定变量也逐渐被提出 [250，251]。本节我们关注的是 PageRank 通用性指标，它可以作为多层网络上特定马尔科夫过程的稳态解。随机游走者通过特定多层转移张量来探索整个网络，其动力学过程受公式（2.6）的主方程控制，其方程的解形式上等于转移张量的主导特征向量。对于一般的连通网络来讲，该张量公式为：

$$R_{j\beta}^{i\alpha} = r\, T_{j\beta}^{i\alpha} + \frac{(1-r)}{NL} u_{j\beta}^{i\alpha} \tag{4.26}$$

其中，r 是一个常量，一般与谷歌的算法相同，设为默认值 0.85[255]；N 为每一层的节点数量；L 是层的数量。此处 $R_{j\beta}^{i\alpha}$ 控制着层内和层间的随机游走。与其传统张量对象相似，该张量用于解释两种不同的贡献：①在多层网络中向邻居节点的转移，即所有节点在下一时间点都是可达的（概率为 r），无论是层内还是层间的节点；②以固定 $1-r$ 的概率传送到系统的任何节点，此时不考虑网络各层的存在。每一层的任何节点 $\Pi_{i\alpha}$ 的 PageRank 通用性指标可通过下面的张量方程求得：

$$R_{j\beta}^{i\alpha} \, \Pi_{i\alpha} \, = \, \Pi_{j\beta} \qquad\qquad (4.27)$$

其中，之前考虑的其他基于特征向量的通用性指标可通过以下式得到：

$$\pi_i \, = \, \Pi_{i\alpha} u^{\alpha} \qquad\qquad (4.28)$$

它提供了一个唯一的全局通用性向量，这种压缩可以通过记录各层权重的 ω^{α} 向量表示。

4.1.5 多层 k- 核数（K-coreness）中心性

通常，计算节点与其紧密相连的社团的关系，进而描述作为系统核心节点的中心性是有用的。计算这种关系的方法之一是核数（coreness）[11]，它用以测度节点的中心性。因为核数是 k- 核（K-core）的一部分，即由度数至少为 k 的节点组成的最大的组。例如 4- 核就是要求社团里的节点 i 至少有 4 条连边（即 k_i=4）。

图 4.4 展示了撒加利（Zachary）空手道俱乐部成员的核数，强调了 4- 核、3- 核、2- 核成员的存在。k- 核的识别在研究诸如复杂网络中有影响力的传播者中具有重要意义 [122]，即廓清哪些行动者在网络中传播信息的速度比其他人更快、更高效，类似枢纽；或者分解诸如因特网这类的通信网络，以更好地掌握其鲁棒性 [256]。k- 核分解在大规模复杂网络分析中非常有用，因为可以通过可视化的方式对网络的底层结构和卫星结构特征进行映射，见图 4.5。

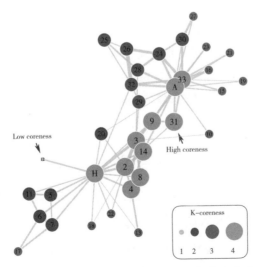

图 4.4　在撒加利（Zachary）空手道俱乐部网络中，节点颜色和大小反映了 k- 核数。

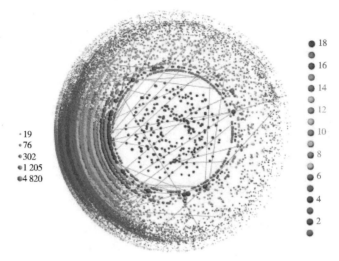

图 4.5　希格斯玻色子被发现期间，Twitter 上大规模社会网络活动的 k–core 分解示意图。

　　以多层网络为例。k– 核数的概念被拓展用来解释每一层上的核数 [257]。设 K_{ia} 表示每一层每一个节点的核数，与之前的计算不同，该张量并非特征值问题的解。对于某一特定的层，例如第 1 层，K_{i1} 的分量对应该层上所有节点的核数，其计算方式与在单层网络中相同。节点的全局核数是通过计算所有层中最小的核数得到的，这定义了多层核数通用性指标 k_i。

4.1.6　多层接近中心性

　　测量网络上每个节点与其他节点的平均距离也是很有用的。为了实现这一目的，必须首先定义距离的度量。常用测度两点间距离的方法是最短路径。一旦路径的度量确定后，其接近性就比较容易获得了 [258]。但接近性最初的数学定义并不适用于一般网络，因为存在不连接的社团或独立的节点。托雷·奥普萨尔（Tore Opsahl）和其同事在 2010 年将接近中心性 [259] 定义为：

$$c_i = \sum_{j=1}^{N} \frac{1}{d_{ij}} \qquad (4.29)$$

其中，d_{ij} 是节点 i 和节点 j 之间的最短距离，当节点 i 和节点 j 分属于不同的社团时，$d_{ij} = \infty$（本书 5.1 节对多层连接社团进行了描述）。

　　多层接近中心性指标与其对应的传统指标的定义相同，只不过它进一步考虑了多层最短路径（见 3.5 节）。当节点与其他所有节点均不相连时，多层接近中心性指标值为 0；当节点与其他全部节点均相连时，则需要将该指标标准化后换算成 1。以 3 层非互连多重网络为例，计算该系统路径的统计学信息，包括该系统聚合网络和每一层网络的接近中心性，结果如图 4.6 和图 4.7（左侧）所示，本书末尾提供的代码可复现这一过程。

图 4.6 清晰展现了聚合网络中多层接近中心性与传统接近中心性指标的相关性，这种相关性在一些层中有所减弱。总体上看，相关性由第一层驱动，而另外两层出现了负相关。

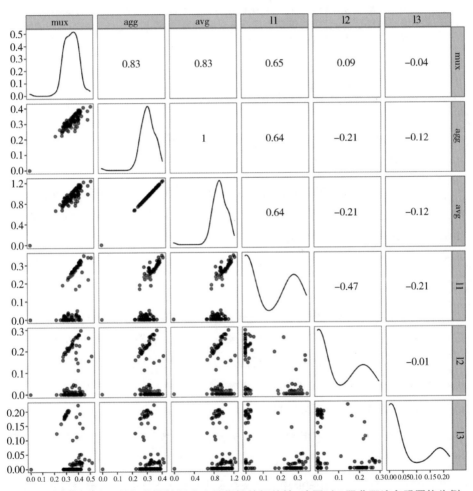

图4.6　多层接近中心性与传统接近中心性指标的相关性。该图以 3 层非互连多重网络为例，第 1 层由 3 组分别有 20、30、40 个节点的 group 构成，第 2 层和第 3 层由通过随机删除第 1 层的连边，以保持整个系统的某些拓扑关系而得到。另外，将连边的权重设定为介于 0.5gn 与 1 之间的一个随机数，来影响路径统计。

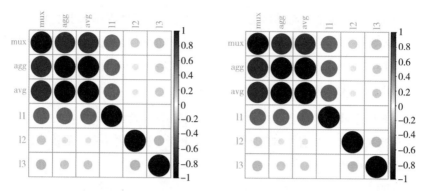

图 4.7　本图左侧是图 4.6 的另一种可视化展示方式。右侧在图 4.6 进行设置的基础上，赋予层间连接更高的权重，证明层间耦合对多层系统（受层间连接影响的唯一的网络）及其表征之间相关性路径统计的影响。

4.1.7　在社会网络中的实际应用

本节以《冰与火之歌》和《星球大战》中的社会网络为例，进一步介绍上述指标的实际应用，并获取了它们相应的多重网络。

《冰与火之歌》涉及多重人物角色互动，它源于乔治·R. R. 马丁（George R. R. Martin）所著的奇幻小说系列。在相应的多层网络中，每层表示该系列中的一本书，当某一人物角色的姓名（或昵称）与另一个人物角色在一本书中出现的距离在 15 个单词内时，则在这两个人物之间建立一条连边。连边的权重由整本书中角色互动的次数决定。

人们可以计算社区结构（图 4.8）和多层 PageRank 中心性指标（图 4.9），并通过节点颜色对无互连多重网络的结果进行制图。有意思的是，PageRank 中心性指标显示，《冰与火之歌》中最有影响力的人物角色是雪诺（Jon Snow）、提利昂（Tyrion）、瑟曦（Gersei）、丹妮莉丝（Daenerys）和詹姆（Jaime），该结果与本书作者的观点较为吻合。

muxViz 软件可以对不同类型的通用性指标参数与其传统指标（如聚合网络，或单独计算每一层）进行比较。图 4.10 展示了《冰与火之歌》中的度、强度（strength）、多层 PageRank 中心性指标及中心性指标的结果。值得注意的是，单层分析只能提供人物角色在整个"冰与火之歌"系列中某一本书中的影响力，而聚合网络由于以不可控的方式整合多层信息，并不总能客观、忠实地表征真实系统。同样需要注意的是，不同测度方法是如何得出不同的排名的：如果用度中心

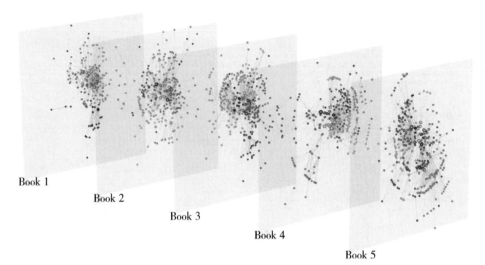

图4.8 《冰与火之歌》组成的多重网络：角色互动网络的分层可视化，每一层代表乔治·R.R.马丁"冰与火之歌"系列的一本书，节点表示书中人物角色，颜色表示多层社区成员[4]。

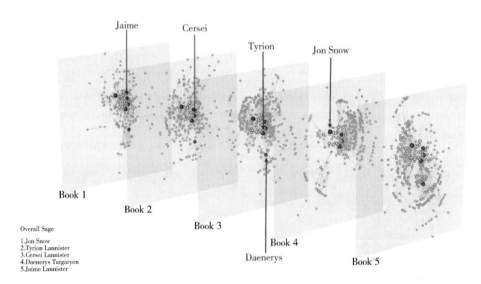

图4.9 《冰与火之歌》多重网络的分层可视化，其中多层PageRank中心性指标[4]最高的节点被突出显示。

性进行度量，那么提利昂（Tyrion）和瑟曦（Cersei）是最具社会性的人物角色，而丹妮莉丝（Daenerys）甚至都没有排进前 10 名；但如果采用 PageRank 算法，由于该算法能够捕捉除邻居节点之外的影响力，雪诺（Jon Snow）便成为整个系列最有影响力的人物角色，此时丹妮莉丝（Daenerys）则排进了前 4 名。

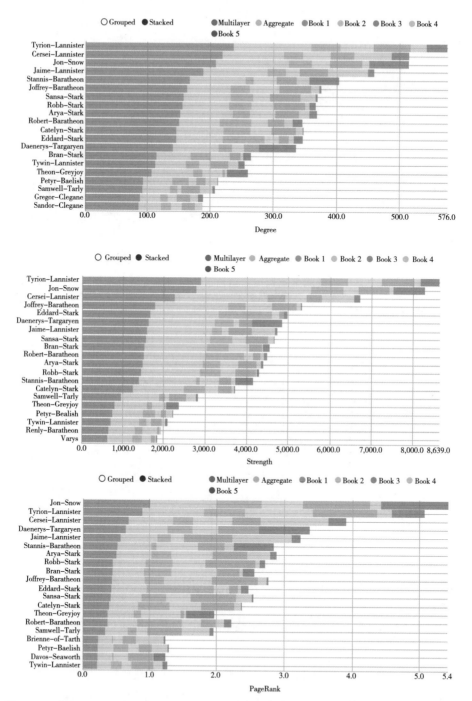

图 4.10 《冰与火之歌》多重网络不同测度方法的堆叠可视化。多层分析的结果很容易与
聚合网络和单层分析的结果进行比较。

同样地，人们可以研究系列电影《星球大战》中人物角色的互动网络。此处，每层代表《星球大战》电影系列中的每一部（本例中，是第一部到第六部），节点表示人物角色，连边表示在电影剧本的同一场景中，谁与谁之间有过语言交流❶。

图 4.11 是《星球大战》多重网络的可视化图，节点颜色代表一个社区，节点大小反映了多层 PageRank 中心性指标的大小；图 4.12 比较了多层 PageRank 中心性指标、聚合网络与单层网络 PageRank 中心性指标。值得注意的是，聚合网络分析结果显示，R2-D2 机器人在该网络中扮演了重要角色，是中心性最高的

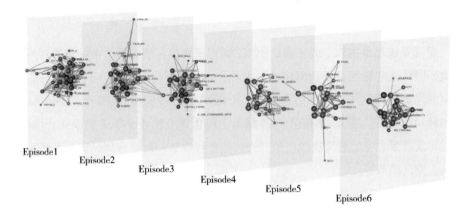

图4.11　《星球大战》多重网络：人物角色互动关系网络的分层展示。层表示每一部电影，节点表示电影人物角色，节点颜色表示不同的社区。

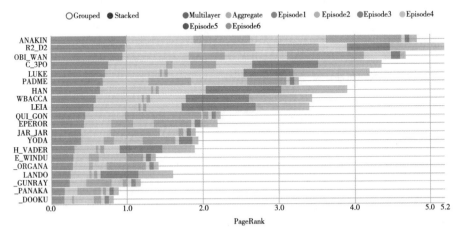

图 4.12　与图 4.10 相同，但此处仅展示了 PageRank 的排名结果。

---

❶　感谢伊夫莱娜·葛芭索娃（Evelina Gabasova）提供了该案例的原始数据，见 https://github.com/ evelinag/StarWars-social-network/

角色——这一分析结果在《星球大战》的粉丝看来显然有些难以置信。多层网络分析结果显示阿纳金·天行者（Anakin Skywalker）是最具有影响力的角色，欧比旺（Obi Wan）排在第3位，其他关键角色如卢克·天行者（Luke Skywalker）、帕德梅·阿米达拉（Padme Amidala）、汉·索洛（Han Solo）、莱娅公主（Leia Organa）和奎刚·金（Qui-Gon Jinn）等都排进了前10名。

4.2 多层模体

  复杂系统都是由较小的子网络组成，这些子网络在随机网络中经常被观察到。这类子网络通常被视为复杂网络的基本单元，从生物化学领域分子间的互动、神经突触间的连接到生态学中的食物网、万维网 [260-263]，它揭示了复杂系统的结构和功能特征。图 4.13 和图 4.14 展示了包含 3 个和 4 个节点的模体。模体能够揭示复杂系统中信息交换的类型，例如：自我调节、前馈回路、调节反馈回路、级联、交叉调节等。

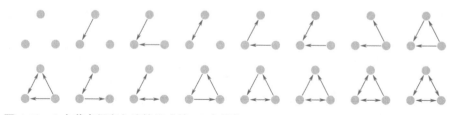

图 4.13　3 个节点间有向连接组成的 16 个模体

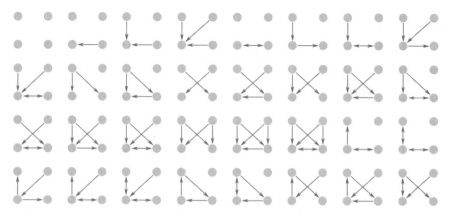

图 4.14　4 个节点间有向连接组成的 218 个模体中的 32 个样例

如今，模体分析是与分子生物学领域最紧密相关的分析方法之一，用以描述小规模回路在细胞受到刺激后的信息处理和响应。但是，对模体的重要性进行评估非常消耗算力，因为计算的复杂性会随着系统规模和子网络规模的增加而迅速提高。这也就不难理解，为什么这一难题最终被一些计算机专家和生物信息学家所攻克，因为他们是最先尝试将生物和分子系统构建边 – 颜色和节点 – 颜色网络，并尝试从中找到重要模体的科学家 [264]。

在多层网络框架下，模体可以由各层的有向连边组成，此时常用（n, L）– 模体来表示，其中 n 是节点数量，L 是层的数量。图 4.15 展示了（3，3）– 模体和（4，3）– 模体示意图。迄今为止，韦尼克（Sebastian Wernicke）和拉希（Florian Rasche）开发的 FANMOD 算法是进行多层模体分析速度最快的方法 [264]，目前已被用于 muxViz 软件中。

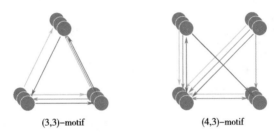

(3,3)–motif   (4,3)–motif

图 4.15　多层模体示意图。3 层（每一层有不同颜色连边），左侧为 3 个节点组成的模体，右侧为 4 个节点组成的模体。上述模体由单层模体组合后获得。

4.3　多层三元闭包

实践中，用户往往比较感兴趣的是那些对应于三元闭包的网络模体，即起始节点相同的 3 阶循环。从定义可以看出，并非所有的 3– 模体都存在三元闭包。目前，对三元闭包的分析已被用于解释诸如社会系统和生物学系统中的小世界现象 [20]，以及社会稳定性随时间推移而演变的这类案例 [265]。通过观察多层间闭合的循环，可以将三元闭包拓展到多层网络中。此时，三元闭包形成的三角形可存在于某一层，也可以存在于多层 [129，151，248]，如图 4.16 所示。

实际上，聚合网络中三元组 $n_\Delta(aggr)$ 的数量从数学上看，其上限是从每一层中得到的三元组 $n_\Delta(single)$ 数量，与从多层网络中得到的三元组数量 $n_\Delta(mux)$ 之和。

找到多层网络中三元组的有效途径是，先找到每一层的三元组和聚合网络的三元组——跨层封闭的三元组在聚合网络中有涉及，但在单层网络中不考虑。

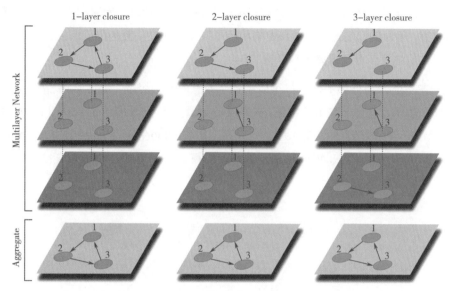

图 4.16　3 层网络中的三元闭包。聚合网络中很难区分闭环是在单层还是在跨层中发生。

　　另外，可以通过在每一层或聚合网络中具有相同数量节点和连边的 Erdös–Rényi 网络来计算随机期望。设 $p(l)=2|E|(l)/N(n-1)$ 为 l 层的连接概率❶，那么三元组数量的随机期望为 $\binom{N}{3}p_3(l)$。这在聚合网络中同样适用，其结果可用于量化多层、单层和聚合网络三元闭包的关系。

---

❶　该计算针对无向、无多重连边和自环的网络。如果不是这种类型的网络，那么定义也需要相应修改。

5

多层组织：中观尺度

网络科学，或者说多层网络分析最重要目标之一，就是通过连通分量（即聚类）或模块（又称组织或社团）来识别系统中观尺度的组织，因为就结构或功能的介观单位来讲，它提供了对底层网络的一个粗粒度描述。

5.1　多层连通分量

连通分量在网络科学中扮演着非常重要的角色 [23，24]，因为它可以识别发生信息交换节点的聚类。从技术上讲，当两个节点之间存在一条路径时，这两个节点同属于相同的连通分量。有向网络中有两种不同的连通分量：

● 强连通分量：连通分量中的每个节点都与任何其他节点有连边，或者说在连通分量中的任何节点间都存在一条有向路径，即使起始节点发生调换也不例外。

● 弱连通分量：如果不考虑分量的方向，则节点属于该分量。一般地，两个节点间存在的有向路径只能单向可达。

如果系统规模有限，节点数量最多的聚类通常被定义为最大连通分量（largest connected component，LCC），在网络中被称为巨片（giant connected component）。一般网络中可以存在由多个互不相连的节点聚类组成的连通分量，如果网络中只有一个连通分量，此时该网络被称为连通图。

历史上看，早期采用连通分量来研究的多层网络是相互依存网络 [141]。在这类网络模型中，系统 A 和 B 之间存在相互连接的连边，其潜在发挥作用的聚类常通过相互连接的分量来识别。若网络 $G（A）$ 中节点集为 A，网络 $G（B）$ 中节点集为 B，当满足以下条件时，它们可以形成相互连接的分量：①A 中的每一对节点间都存在一条路径；②B 中的每一对节点间都存在一条路径 [139]。在其他类型的多层网络中，我们可以看到由多层路径形成的跨层状态节点的序列。借用 3.5 节的定义，可将多层连通分量定义为由多层路径相互连接的节点集 [18]。对于传统网络来讲，如果连接是有向的，那么就可进一步界定多层连通分量的强弱。

上述定义可用于从多层网络的聚合表征中识别物理节点的连通分量，因为二个物理节点就可以通过某条路径相连进而成为同一聚类中的一部分，从识别的角度看就已经足够了，该属性在聚合网络中同样存在。但也存在更严格的定义，它要求节点是畅通的（viable），即节点与其他节点在每一层都保持联系。例如，人们可能会对同时存在于各层的由相互连接节点组成的最大聚类感兴趣 [226]，该聚类又称最大交叉分量（largest intersection component，LIC），可通过每一层 LCC 的交集来识别。该定义在节点选择方面比 LCC 更严格。近年来，通过连边取交集对多层系统进行聚合，然后再识别所得网络的最大连通分量，是理解渗流相变的重要途径。另外，最大可行分量（largest viable component，LVC）是由每一层都通过某路径同时连接的节点组成的 [226]。因此，LVC 上的节点对系统功能和结构核心都十分必要 [257，266，267]，其施加的限制条件是混合相变产生的原因，从而导致了巨大畅通聚类的非连续性涌现，这与观察到的连续相变中的普通渗流存在差异 [226]。显然，LVC 的规模小于等于 LIC 的规模，而 LIC 的规模反过来又小于等于 LCC（图 5.1），所有这些，都从不同维度反映了多层网络结构方面的某些信息。

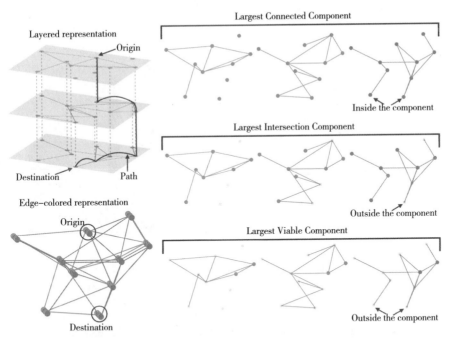

图 5.1　多层网络案例，左上侧为相互依存多重网络、左下侧为边 – 颜色多层图。右侧突出了最大连通分量（上）、最大交叉分量（中）、最大畅通分量（下）中的节点。

多层网络建模的另一个经典案例，是通过整合社会和生态数据来分析社会—生态系统的行为，最近有学者提出使用"层"来记录生态资源和社会关系以表征社团网络 [8]。该研究对阿拉斯加三个分离的社区进行分析，揭示了一些出人意料的结果，它探索了二个沿海因纽皮特（Iñupiat）社区，即温赖特（Wainwright）（553人）和卡克托维克（Kaktovik）（239人）部落，部落居民的生存依赖捕猎露脊鲸、白鲸、驯鹿以及其他物种；另一个是位于内陆的一个威尼泰（Venetie）（166人）部落，部落居民的生存依赖于捕猎驼鹿、北美驯鹿、鲑鱼和其他物种。上述部落都受到极端气候变化和工业发展的困扰。尽管部落应对资源枯竭的能力很脆弱，但多层分析结果（图5.2）显示部落的稳健性变得脆弱的重要原因，是关键住户的丧失以及与分享和合作社会关系相关的文化纽带遭受侵蚀 [8]。

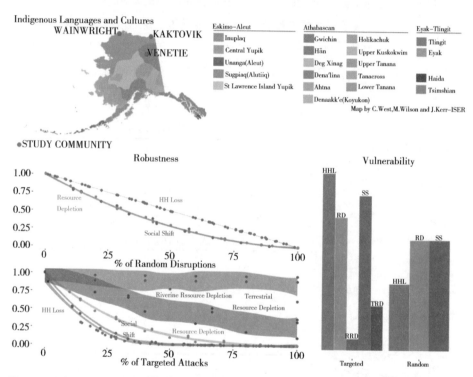

图5.2 社会一生态网络在情景变化中的脆弱性分析 [8]。左上：阿拉斯加北部地区；左下：三个部落的多层网络抗随机和靶向干扰的能力；右下：三个部落因社会变化（social shift，SS）、资源枯竭（resource depletion，RD）、陆地资源枯竭（terrestrial resource depletion，TRD）、河流资源枯竭（riverine resource depletion，RRD）以及关键住户（key households，HHL）因随机或靶向移除导致的脆弱性。

5.2 多层社区和模块

识别系统中具有特殊功能和作用的节点是网络分析最重要的问题。实际上，许多传统网络表征的经验系统都可以划分为聚类（或模块、组、社区，虽然不同学科对该聚类的称谓不同，但其本质内涵是相同的）。大量证据表明，社会和生物网络的共同特征之一，就在于通过模块化来测度中观尺度组织的结构和功能[71，84]。从历史上看，最早关于社区探测的方法是在社会科学领域发展起来的，研究者认为群组和群组内的连通性可进行随机建模，后来被计算机科学领域借鉴并用于机器学习 [271–274]。在一些其他的社区发现算法中，存在基于模块内和模块间的信息流动 [85，88]，有些研究者从信息论角度探索如何压缩信息以识别功能模块 [13，86，275]。鉴于撰写本书的目的不在于对各种相关方法进行研究，想了解这方面系统知识的读者可参考其他优秀著作，如参考文献 [55，60，276]。

我们会将更多的笔墨用在多层社区探测方面。目前，已有一些算法来应对复杂度的增加，例如考虑知识元的多重性及相互作用等。彼得·J. 穆夏（Peter J. Mucha）[87] 是最早提出多层社区探测方法的学者，他提出了多层模块最大化（multi–slice modularity maximazation）函数——一种在传统网络社区探测中广泛使用的模块泛化函数，可用于多重网络或时序网络的社团探测；该方法后来不断得到改进 [277，278]。之后，学者们又提出了一种基于张量分解的方法，这种方法主要针对时变系统，并可应用于触点网络 [279]。近年来，一种基于统计物理学和贝叶斯推断的生成模型已引入该领域 [238，280]，是对社会科学和计算机科学中广泛使用的传统随机块模型的泛化 [268，269]。研究表明，当各层进行聚合后，社区结构的探测能力在多层网络中会有所提高。例如，通过对各层求和，设定某种阈值对各层进行聚合 [282]，从而揭示某些隐藏的社团结构。

此处，我们重点强调另一种方法，该方法从信息论角度分析网络顶部随机游走的动力学，即 Infomap[13]。图 5.3 展示了 Infomap 的工作原理和框架❶。Informap 起初叫 MultiplexInfomap❷，后来通过 muxViz 推广（在文献 [15] 中已

---

❶ 网址：http://www.mapequation.org/apps/MapDemo.html#applet
❷ 网址：http://www.mapequation.org/apps/sparse–memory–network/index.html

经介绍过），它在高阶流模型的框架下变得更容易理解 [14，283–285]，如图 5.4
所示。

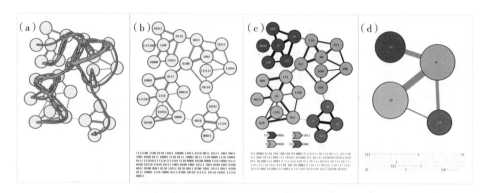

图 5.3　基于 Infomap 算法在传统网络中进行社区探测。（a）随机游走的轨迹用实线表示。
　　　　（b）通过 0 和 1 形成一串数字序列对每个节点进行编码，从而描述随机游走的轨
　　　　迹，形成了 01011 这样的霍夫曼码。例如，如果游走者从左上角的节点出发，则
　　　　数字串就会从 1111100 开始，下一步转移到右侧邻居节点，此时该邻居节点的数
　　　　字序列变为 1100，图 5.3（a）中的全部轨迹可通过底部的 314 个比特编码来表示。
　　　　（c）一般地，当使用颜色来区分随机游走动力学时，相应编码记录的轨迹信息会
　　　　减少 32%。这是由于组内游走的时间较长，此时无须更多比特即可描述这一轨迹。
　　　　（d）这种方法可有效地将网络大体划分为不同的功能模块。

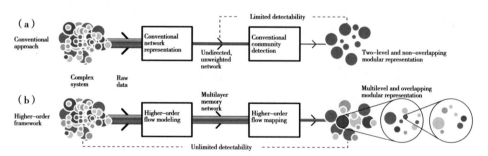

图 5.4　复杂系统数据处理流程。（a）传统方法：通常将数据简化为无权无向网络。
　　　　（b）高阶方法：多水平叠加网络。更准确地说，高阶方法比传统方法能够识别更
　　　　丰富的功能信息。

MultiplexInfomap 是基于随机游走动力学建模的网络流压缩工具：当像功能
性、多层模块这样的常规结构出现时，流就会被压缩，这在数学上叫作映射方程
（map equation）❶。这一过程是很自然产生的，因为相同信息理论机制被用于
描述具有记忆的非马尔科夫流，这种记忆有赖于前一步骤的记忆。多层社区可识

───────────────

❶　网址：http://www.mapequation.org/

别那些能够持续捕捉网络层内和层间流的一组节点，如图 5.5 所示。

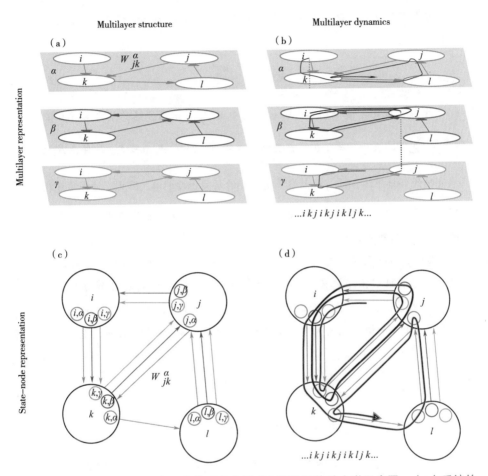

图 5.5　多层网络（由 3 层和 4 个物理节点组成）高阶流体动力学示意图。（a）系统的结构表示。（b）记录随机游走者在多层网络状态节点间的跳跃和转移轨迹，同时记录其通过物理节点的轨迹。（c）将系统用状态节点（多种颜色表示）形成的网络来表示。状态节点存在于相应的物理节点中（黑色节点表示）。（d）轨迹与（c）相同，但在采用状态节点表示时，只有已经遍历过的物理节点序列才会被记录下来。

　　实践中，我们对具有某种特定属性的随机游走动力学进行了界定：在同一层不同节点间跳跃，符合马尔科夫过程；在不同层间节点的切换，则不属于马尔科夫过程。基于此，方框 5.2.1 描述了随机游走动力学的详细内容，并在图 5.6 中展示了中观尺度分析的结果。

方框 5.2.1　MultiplexInfomap 中的转移张量

在各层结构耦合的多层网络中，决定随机游走的 4 阶转移张量可通过公式（5.1）表示：

$$P_{ij}^{\alpha\beta} = \frac{D_{(i)}^{\alpha\beta}}{S_i^{(\alpha)}} \frac{W_{ij}^{(\beta)}}{s_i^{(\beta)}} \qquad (5.1)$$

该公式具有可读性和易解释性，其中 $W_{ij}^{(\beta)}$ 表示第 β 层的层内邻接矩阵，$s_i^{(\beta)} = \sum_{j=1}^{N} W_{ij}^{(\beta)}$ 表示节点 i 在第 β 层的出度强度，$D_i^{(\alpha\beta)}$ 表示节点 i 与任意层间节点连接的邻接矩阵，$s_i^{(\alpha)} = \sum_{\beta=1}^{L} D_i^{(\alpha\beta)}$ 是相应的层间出度 [18]。因此，转移的可能性可通过两个独立的转移可能性的乘积表示：①从 α 层到 β 层的转移；②在 β 层的节点 i 跳跃到节点 j。

然而，当缺乏层间连接的相关信息，或系统采用非互联多重网络表示时，转移的可能性则很难定义。也正因为如此，通过随机游走对跨层动力学过程进行建模是十分必要的，此时，随机游走者以概率 r（又称松弛率）进行跨层转移，以 $1-r$ 的概率在层内节点间转移。这样，这类过程就可以通过公式（5.2）来定义：

$$P_{ij}^{\alpha\beta}(r) = (1-r)\, \delta_{\alpha\beta} \frac{W_{ij}^{(\beta)}}{s_i^{(\beta)}} + r \frac{W_{ij}^{(\beta)}}{S_i} \qquad (5.2)$$

其中，$S_i = \sum_{\beta=1}^{L} s_i^{(\beta)}$ 为节点 i 出度总强度，$\delta_{\alpha\beta}$ 为克罗内克积。当 $D_{(i)}^{\alpha\beta} = (1-r)\delta_{\alpha\beta}S_i + rs_i^{(\beta)}$，$S_i^{(\alpha)} = \sum_{\beta=1}^{L} s_i^{(\beta)}$ 时，公式（5.1）与公式（5.2）等价。感兴趣的读者可参考文献 [15]，以进一步了解上述公式的特征。

另外，松弛率 r 这一参数，会随着诸如社团分裂与融合这类中观尺度的变化而改变。最近有研究开始探讨采用信息论的方法识别中观尺度结构中最具代表性的 r 值 [16]，该方法基于归一化信息损失函数，对应随机块模型的对数似然。对特定的松弛率 r，代价函数的定义如公式（5.3）所示：

$$H_r(X \mid Y) = \log_2 \left[\prod_{i=1}^{m} \prod_{j=1}^{m} \binom{n_i\, n_j}{l_{ij}} \binom{w_{ij} - 1}{l_{ij} - 1} \right] \qquad (5.3)$$

其中，n_i 是聚类 i 中的节点数，l_{ij} 和 w_{ij} 分别表示聚类 i 和聚类 j 中的连线数量、连线总权重。实际使用时，常采用归一化的损失函数：

$$H_r^*(X \mid Y) = \frac{H_r(X \mid Y) - \min\limits_{0 < r \leqslant 1} H_r(X \mid Y)}{\max\limits_{0 < r \leqslant 1} H_r(X \mid Y) - \min\limits_{0 < r \leqslant 1} H_r(X \mid Y)} \tag{5.4}$$

显然，通过减少归一化信息损失，有可能基于参数分布来掌握潜在块结构的真实权重，从而实现系统的最佳压缩，正如文献 [286] 中提到的那样。

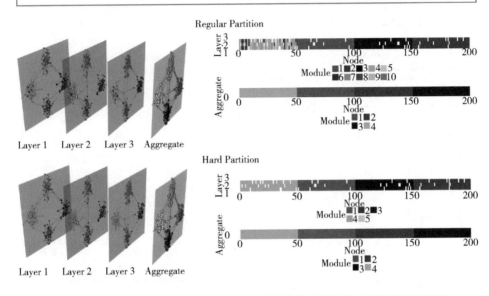

图 5.6 分别按常规和强行划分方法，对多层网络及其聚合网络的多层社区进行探测。

为深入理解如何采用 MultiplexInfomap 中的归一化信息损失（NIL）来选择系统中最具代表性的社团划分方式，图 5.7 同时展示了四种不同的双工网络（duplex networks），并分析了社团数量和 NIL 是如何随松弛率 r 的变动而变动的。结果显示，存在一个临界阈值 r_{thr}，当高于这一阈值时，信息损失不容忽视；当松弛率 r 低于这一阈值时，人们可以假设已经找到了系统中最具代表性的社团划分方案。

我们以人体相互作用组学为例。将蛋白视为节点，用连线代表蛋白间的联系，用层代表不同类型的相互作用（如物理的、化学的、基因的），采用 MultiplexInfomap 进行分析。人们需选定具体的松弛率，或者通过不同参数来观察社团是如何变化的。图 5.8 展示了参数变化和社团结构的相应变化，从而从视觉上理解最大社团的重新组织。图 5.9 展示了不同松弛率下的聚类规模分布，这样可以更好地理解随着松弛率的增加，较小的社团是如何融合到较大的社团中的。

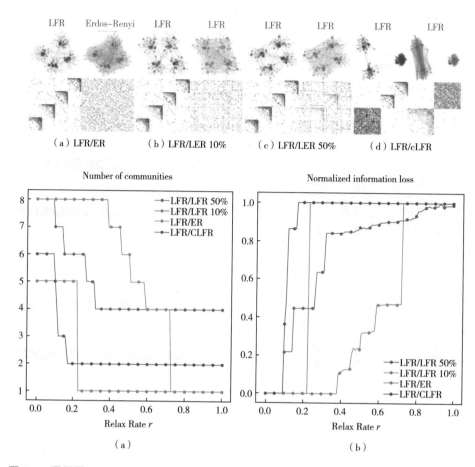

图 5.7　顶层展示了 2 层完全不同的双工网络，分别通过图和邻接矩阵的形式展现。第 1
　　　　层中，128 个具有社团结构（lancichinetti-fortunato-radicchi，LFR 模型）的节点
　　　　耦合了（a）拓扑噪音（Erdös-Rényi 模型），或 10%（b）和 50%（c）的节点
　　　　存在叠加的 LFR 网络，（d）考虑了互补网络（cLFR）。底层展示了在相同的多
　　　　重网络中，社团数量（a）和归一化信息损失（b）随松弛率 r 的变动而变动的情况。

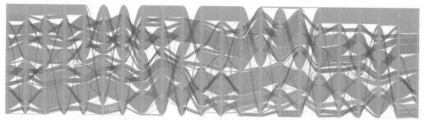

图 5.8　人类多重蛋白质组的社团结构（源自 MultiplexInfomap）随松弛率 r 增加所发生的
　　　　变动。该图仅展示蛋白质数量超过 100 的社团，它们随松弛率 r 的变动而发生分
　　　　裂与融合。

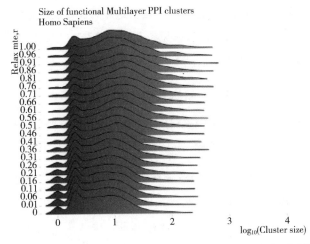

图 5.9 该图展示了聚类规模随松弛率 r 的变动而变动的情况，当松弛率增加时，较小的聚类数会减少。

值得注意的是，当考虑由 NIL 方法得到的划分结果时，我们发现，相应的功能含量从生物学角度讲是最高的。该分析基于标准分子特征数据库（MSigDB）❶，突出了采用这种方法在分析复杂多重生物系统时的适用性。

5.3 多层结构的聚类和精简

通常我们会对多层表示是否是最恰当的网络表征方式产生质疑，但不可否认，多层网络是复杂系统建模和融合不同来源信息的有力工具。实际上，有数学证据表明，层间有连接的多层系统在某种条件下可单独进行分析 [193]；对许多经验系统结构特征和动态特征的分析表明，分解社会网络 [248，287–289]、生态系统 [9，154–156]、交通系统 [18，290]、分子网络 [16，291–294] 和人脑系统 [146，295–300]，通常是可取的做法。

因此，出于建模和分析的需要，有必要设计一种方案以了解多层表征方式在多大程度上是必需的，或者单层表征、聚合表征是否是一种有价值的替代方案。例如，以具有相同层的多层系统这种极端情况为例，通过缩减策略聚合结构上冗余的层是可取的。实际上，常见的冗余量化方法是根据重叠边进行量化的 [150，153]。但我们更想知道，除了重叠边这种方法，是否有更复杂的冗余拓扑模式，以及是否存在

❶ http://software.broadinstitute.org/gsea/msigdb/collections.jsp

聚合冗余的同时又保留相关拓扑信息的方法。这一想法首次在 2015 年得到实现，又称结构简化（structural reducibility，见图 5.12）[301]，包括以下基本步骤：

（1）根据特定标准识别相似的层；

（2）设计一种将层聚合在一起的策略；

（3）通过成本函数控制该过程，该函数能够对结构不同层的聚合进行惩罚，对存在拓扑冗余层的聚合进行奖励。

近期，一种用于功能简化的程序被提出，其在形式上与上述步骤相同，但在聚合各层和计算熵的标准方面存在差异（见图 6.2）。

第一步需要定义任意层间的相似或相异性，这一步可通过距离度量实现，即如果 2 层距离较远，那么它们是不相似的，反之则是相似的，而且可以不损失信息就进行聚合。早期的方法 [301] 主要是使用量子 JS 散度（Jensen–Shannon divergence）来度量。

方框 5.3.1　复杂网络的信息熵

定义和计算复杂网络的信息熵是一项艰巨的任务。许多方法通过抽取特定的参数（比如度）以及这些指标的联合概率分布来计算信息熵。但是，由于这些方法仅考虑了有限的参数，只能提供该网络的有限信息，所以导致了对信息熵估计的偏差较大。

2009 年，有研究提出了另一种计算信息熵的方案 [302]。该方案将网络结构信息用一种新的运算符表示，即 $\rho^i_j = L^i_j/2E$，又称密度矩阵，它与量子力学中众所周知的运算符 L^i_j 有相同的属性，表示网络的组合拉普拉斯矩阵，而 $2E$ 表示边的总数。另外，该方案通过公式（5.5）计算冯·诺依曼熵：

$$S(\rho) = -T_r(\rho^i_j \log_2 \rho^j_k) = -\sum_{i=1}^{N} \lambda_i \log_2 \lambda_i \text{ bits} \tag{5.5}$$

其中，λ_i 是密度矩阵的第 i 个特征值，T_r 是迹算子，这一公式可推广到相互连接的多层系统中 [129]。最近，有研究提出了关于密度矩阵更为适用的定义：

$$\rho^i_j = \frac{e^{-\tau L^i_j}}{Z_\tau}, \ Z_\tau = T_r(e^{-\tau L^i_j}) = \sum_{i=1}^{N} e^{-\lambda_i \tau} \tag{5.6}$$

该公式将信息熵视为基于扩散的网络发现过程 [303]，其中 τ 扮演了与马尔科夫时间相同的角色。也有研究 [301] 建议定义一个多层系统的熵 Smux，

每一层的熵用 S_l（$l = 1$, 2, $\cdots$, L）表示，则多层系统的熵对应于各层熵的平均值 [公式（5.7）]。最近，有研究证明当这种取平均值的熵在各层间存在强关联时，不适于描述多层系统的信息 [17]。

$$S_{\text{mux}} = \frac{1}{L} \sum_{l=1}^{L} S_\alpha(\rho_\alpha) \tag{5.7}$$

方框 5.3.2　复杂网络间的距离

冯·诺依曼熵和受量子计算启发的其他表达形式，都可以用来定义两个具有相同节点数量网络的量子 JS 散度。由于这两个网络具有对称性，并且允许定义一个与 Kullback–Leibler 散度（KL 散度）不同的距离度量，因此这种量化方式是基于信息论中 JS 散度的一个推广。以两个具有不同层的多层系统为例，其密度矩阵分别为 ρ_j^i 和 δ_j^i，此时它们对应网络的 JS 散度 [301] 为：

$$D_{JS}(\rho \parallel \sigma) = S\left(\frac{\rho + \sigma}{2}\right) - \frac{S(\rho) + S(\sigma)}{2} \text{ bits.} \tag{5.8}$$

JS 距离为：

$$d_{JS}(\rho, \sigma) = \sqrt{d_{JS}(\rho \parallel \sigma)} \tag{5.9}$$

当通过其中一个网络就足以获取另一个网络的信息时，JS 距离为 0；反之，当两个网络完全不同时，JS 距离为 1。值得注意的是，这一度量可用于比较多层系统中各个层间的关系，并构建一个距离图谱，用于对各层进行聚类 [301, 303] 等。该度量还可用于经验系统与多层系统模型的比较，调整相应的参数并进行模型选择 [303]。

第二步并非多余，从算法的角度讲，人们应该对各组各层的全部聚合方式进行比较，从而估计冗余并决定哪种聚合方式能最大限度地保留原始信息。然而，这种方式所需的计算成本很高，因为不同组中各层的组合方式属于贝尔数，其计算复杂度相当于层数（L）的超指数次（图 5.10 和图 5.11）。实际上，一种好的贪婪策略是构建层 – 层相似性并将其转换成距离，采用距离矩阵对各层进行聚类，最相近的层最先聚合，因此最多有 L–1 次计算，然后，最终的结果常采用求和方式进行聚合，当然也可以采用其他方式。

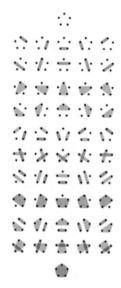

图 5.10 将 5 个元素分成 52 个不同的组。

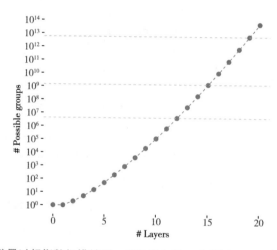

图 5.11 划分的数量以超指数规模扩展，又称贝尔数。由超过 10 层组成的多层网络在计算上几乎不可能。

第三步是用来了解何时停止聚合，此时通过成本函数即可完成该步骤：

$$d_{JS}(\rho,\ \sigma)\ =\ \sqrt{d_{JS}(\rho\parallel\sigma)} \tag{5.10}$$

其中，$m=0$，1，2，…，$m=0$ 时对应完整的多层系统；$L-1$ 表示聚合的层的数量；$S_{mux}(m)$ 是系统在第 m 步的熵，S_{agg} 是完全聚合后网络的熵。对于任意 m，

$S_{mux}(m) \leqslant S_{agg}$，因此，成本函数的取值范围在区间 [0，1] 上，当且仅当多层网络与其聚合网络可区分时，即系统存在结构上的冗余层时 [301]，成本函数达到最大（图 5.12）。当网络完全聚合后，成本函数理应随 m 的增加而单调递减。实际上，除将拓扑上冗余的层聚合在一起外，我们并不推荐改变网络底层拓扑结构信息的聚合方式。

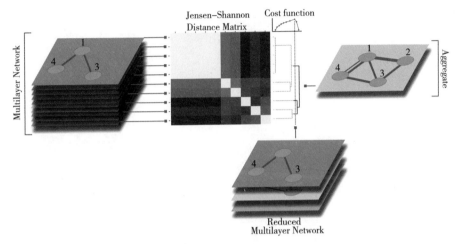

图 5.12 多层网络的结构精简分析。该网络由存在冗余信息（用重复颜色表示）的 10 个层（L=10）构成，各层通过 JS 距离连续对最相近的各层进行聚类，在本例中，由于每一步都没有丢失信息，因此，成本函数不断增加。该过程直到实现最佳结构时停止，即当 L' =3 时，不再存在冗余层。

6

基于动力学过程的多层分析

本章将简单地介绍多层网络顶部的其他动力学过程，从而使读者更好地理解对复杂结构进行导航并非难事，以及如何获得多层系统功能简化后的表征。尽管这一主题在本章中并未全面涉猎，但目前这些主题在 muxViz 中都可以实现，其他主题将在本书今后再版时不断增加。

6.1 多层系统的可导航性

实际中，对网络可导航的程度进行量化，无论从信息的有效路由（efficient routing）还是邻域的快速探索，都是很有必要的 [304，305]。为了实现该目标，可利用随机游走来定义系统的覆盖率 $\rho(t)$，即在特定时间 t 内，至少访问过 1 次的节点的平均比例。在多层网络中，当物理节点的任何一个状态节点被访问时，则将该物理节点标记为已访问 [18]。

覆盖范围的演化提供了系统在不同时间尺度上可导航性的有用信息，实际上，设 $p_{i\alpha}(t)$ 表示随机游走者在多层网络第 α 层的 i 节点上概率构成的向量 ❶，$p_i(t) = p_{i\alpha}(t)\mu^\alpha$ 表示随机游走者在 t 时刻位于节点 i 的概率，主方程为：

$$p_{i\alpha}(t+1) = \sqrt{p_{i\alpha}(t)P_{j\beta}^{i\alpha}} \tag{6.1}$$

找到随机游走者 $t+1$ 时刻位于节点 a 的标量概率，可通过 $p(t+1;a) = p_{i\alpha}(t+1)e^i(a)\mu^\alpha$ 进行投影。如果随机游走者从节点 b 出发，设 $\sigma(t;b \to a)$ 表示在 t 个时间步后无法在节点 a 找到随机游走者的概率，则 $\sigma(0;b \to a) = 1 - \sigma(a, b)$，$\sigma(a, b)$ 是克罗内克积，可以证明下式 [18]：

$$\sigma(t+1;b \to a) = \sigma(t;b \to a)[1 - p(t+1;a)] \tag{6.2}$$

因此，当起点和终点不重合时，$\sigma(0;b \to a) = 1$，反之则为 0。由于从节点 b 出发的同一时刻随机游走者不可能位于 a 节点（除非 $a=b$），因此，上面的递归方程的解可通过下式给出：

$$\sigma(t;b \to a) = \sigma(0;b \to a)\exp[-e_i(b)e_\alpha(1)\mathbb{P}_{j\beta}^{i\alpha}(t)e^j(a)u^\beta]$$

$$\mathbb{P}_{j\beta}^{i\alpha}(t) = \sum_{\tau=0}^{t}(P^{\tau+1})_{j\beta}^{i\alpha} \tag{6.3}$$

---

❶ 从形式上看，这不是一个向量，但可以压成一个超向量，在该超向量上第 (i, α) 个条目对应在第 α 层的 i 节点上找到随机游走者的概率。

其中，$e^i(b)e_a$（1）解释了 $t=0$ 时刻，随机游走者从第 1 层 ❶ b 节点出发的假设。张量 $\mathbb{P}^{i\alpha}_{j\beta}(t)$ 表示通过任一长度（1，2，…，$t+1$）路径到达每个节点的概率。

网络覆盖率的演变可通过对所有节点的概率 $1-\sigma$ 的双重平均来估计其准确度：

$$\rho(t) = 1 - \frac{1}{N^2}\sum_{\substack{a,\,b=1 \\ a \neq b}}^{N} \exp\left[- e_i(b)\, e_\alpha(1)\, \mathbb{P}^{i\alpha}_{j\beta}(t)\, e^j(a)\, u^\beta\right] \tag{6.4}$$

覆盖范围对网络拓扑结构和系统导航的转移规则非常敏感，实际上，节点在不同时间尺度上被访问的直接影响，在于在某一层或聚合网络上的访问速度（图 6.1）。

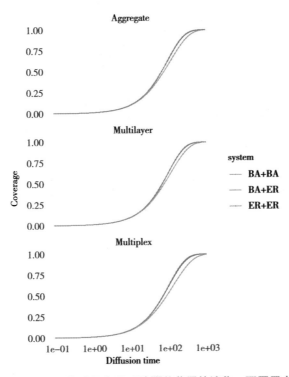

图 6.1 由 100 个节点和 3 层构成的多层系统覆盖范围的演化。不同层由不同的拓扑结构构成：BA 网络和 ER 网络。从上到下，其模型分别为：聚合网络的覆盖范围，互连多重网络，无互连多重网络。真正的多层效应源自结构和动力学之间的互动：整个系统的可导航性取决于不同层的耦合方式 [17，18]。

---

❶ $e_i(b) \in \mathbb{R}^N$ 是节点空间中的第 b 个规范向量，$e_a(r)$ 是层空间的第 r 个规范向量。

6.2 多层系统的功能可简化性

在功能可简化的情况下，可以从动力学特别是随机游走角度考虑层间耦合，它们代表了一大类与转移特征相关的实例。这种方法在 muxViz 中暂时还未开放，因此，我们此处仅简要提及一下它们的存在，并在图 6.2 中对功能简化和结构简化方法的区别进行介绍。

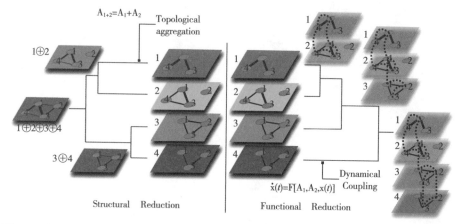

图 6.2　由 4 层组成的多层网络在结构简化与功能简化方面的对比。两种方法的步骤基本相同，区别在于结构简化改变系统的拓扑结构，功能简化可以在功能上耦合层而不改变其结构。

7

多层网络的数据与可视化

分析多层网络的基本方法是观察其底层结构，并将从系统中提取的多种信息以可视化的形式呈现出来。本章将简单介绍如何将节点和层嵌入到三维空间中，并对多层网络进行可视化，以及通过环形图的形式展示多维分析结果。

7.1 将节点和层嵌入 3D 空间

与单层系统不同，对多层网络进行可视化并非易事，需要分别考虑每一层的信息。一种方法是独立地显示每一层，该方法的缺点是，当层数较少时，通过这种方式识别层间模式，需要对问题有足够的认知。另一种方法是绘制相应的超邻接矩阵热力图，这种方法所要求的认知水平随着网络规模和层数的增加而增加。

对多层系统进行可视化的一种简便步骤，是展示它们的 2.5 维结构——一种介于 2D 和 3D 之间的结构。这种方式的优势在于，当各层通过某种标准（如有利于跨层的副本节点排列）排列时，这种方式对用户认知能力的要求就会大大降低。当然，将层嵌入到三维空间中的方式有很多，正如图 7.1 中显示的那样。muxViz 的 GUI 和 LIB 版本都可以方便地创建这种类型的可视化图，其中，单线层（one-line layered）是广泛使用的呈现方式。

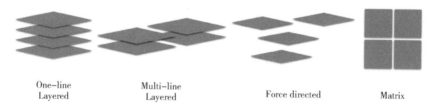

One-line Layered　　Multi-line Layered　　Force directed　　Matrix

图 7.1　三维空间中层的不同排列方式。每个正方形表示一层，多个层通过不同的组织方式来突出某种潜在的特征，广泛使用的排列方式是第一种单线层（one-line layered）。

本书所提到的 2.5 维可视化方法，是在充分利用各层信息的同时也计算节点的位置，因此效果很好。实现这一目标最简单的办法是采用标准强制定向布局算法（force-directed layout algorithms），如在一些聚合表征的网络中使用 Kamada-Kawai 布局 [306]、Fruchterman-Reingold 布局 [307] 或 DRL 布局 [308] 等。

当节点的数量不多时，一种有效的替代方案是将不同的交互作用通过连边的颜色表示，用节点所连接的层的颜色为节点着色。在这种情况下，在 3D 布局中采用标准强制定向布局算法，会产生有趣的可视化结果。图 7.2 展示了多层基因网络和多层神经网络的典型案例：图的左侧显示了单线层表征，其中节点颜色相同的聚为一组；图的右侧展示了左侧图的三维表征，其中的颜色表示不同类型的交互。很显然，每种表征方法都有优缺点：三维视图无法像左侧视图那样区分每层的贡献，而且使用颜色来表示交互类型时，人们不得不牺牲其他类型的信息（例如社区成员）。还要注意的是，对于层间连接来讲，分层方法可以明确地对连边进行可视化，而这在右侧图中则是不可能的。其他方法，比如基于扩散几何将网络嵌入到扩散空间 [89] 的方法，尚存在争议。

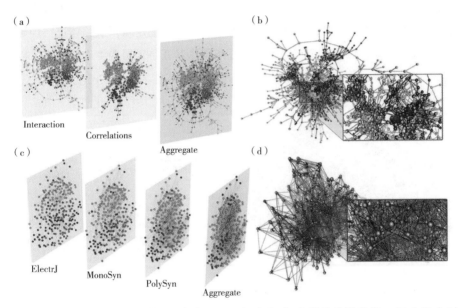

图 7.2　表示多层网络的两种不同方法 [19]。（a）和（c）是单线层表示，（b）和（d）是 3D 边着色表示：（a）和（b）为酿酒酵母中基因的相互作用和相关性网络，（c）和（d）为秀丽隐杆线虫连接体的突触连接。

7.2　多元数据的环形图

对复杂网络进行多层分析时，如何将丰富的信息进行呈现，是非常有挑战性的任务。有一种方法是采用环形图来展示这些多元信息，这种图能轻松捕获一些特征，并从中推断出关于多层网络参数的一些定性信息。换句话说，muxViz 中提供的环形图重点关注从单层、聚合网络和多层网络中获取的关于中心性和通用性指标的比较，尽管它们的基本方法可以更加泛化地用于可视化和比较其他参数。图 7.3（a）展示了典型的环形图，它由多个同心环组成，每个同心环代表一个具体的信息向量（比如中心性或通用性信息），每个单元表示一个特定的节点，单元颜色对应该节点相应参数的值。

　　环形图中环（rings）的位置可以反映不同类型的信息：一类是计算不同的多层通用性参数，将每一层用一个环表示并进行比较 [图 7.3（b）]；另一类是只关注某一个参数（如 HITS）并分别计算其在每一层、聚合网络或多层网络中相应的中心性，这些参数形成环并进行横向比较 [图 7.3（c）]。两种方法在计算不同通用性指标间的相关性（第一类），以及不同节点在单层、聚合网络或多层网络中扮演的角色中的差异（第二类）方面各有千秋。环形图是对系统整体进行理解的基本工具，比如，理解一个节点的通用性是否由其在特定层的中心性决定，以及聚合网络中的单层是否可以表示多层结构。

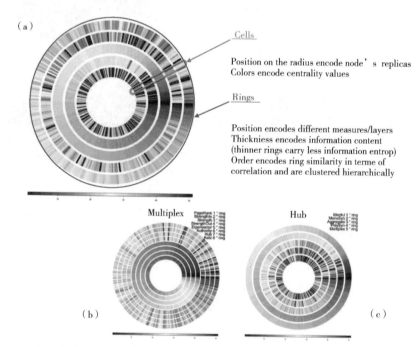

图 7.3　多层分析中产生的多变量信息的环形可视化图

　　环形图中环的厚度与其编码的信息内容成比例：如果环中数值的分布在某个值附近出现峰值，那么其相应的信息熵就会很低，人们很难从该图中获取足够的信息，为减少视觉噪音，相应环的厚度也会降低，反之则会提高。

环形图中环的顺序也很重要，可以最大限度地增加图形的可读性。例如，在 muxViz 的默认设置中，每对参数的距离是通过相关性指标（如 Pearson，Spearman，JS 散度）计算得来的，结果是用来对相应的环进行分层聚类。这一功能主要用于将距离较近的向量排列到相邻的环中。

附录

A　安装并使用 muxViz

A1　muxViz 的 R 语言运行环境

muxViz 有两种不同的版本：

● V2.0 为用户提供了 GUI，它依赖于一些在 R 语言运行环境下的包（图 A1）。该版本的优点在于用户无须 R 语言编程基础就可以对多层网络进行分析和可视化。

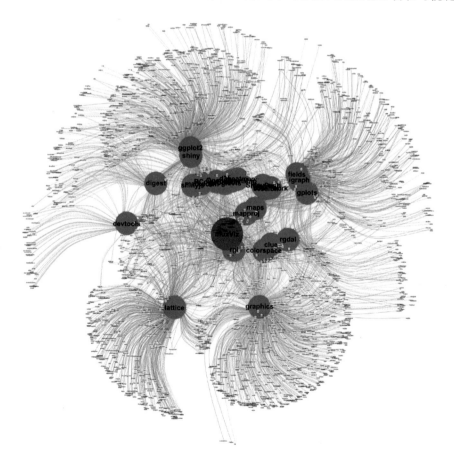

图 A1　muxViz 2.0 所依赖脚本的网络表征，蓝色表示直接相关，其他颜色表示间接相关。

● V3.1 是一个独立的、无法使用 GUI 的库，较 V2.0 更易安装，且用户采用自己的脚本更容易操控，因此对 R 语言有一定的要求。

V3.1 是我们强烈推荐的版本，因为它安装起来更快，并提供了更多的分析和计算工具。另外，这一版本未来会进行持续维护。

A2 V3.1 版本的安装与要求（LIB 版）

muxViz 需要在 3.2 及以上版本的 R 软件[1] 上运行。由于一些脚本依赖最新版本的 R 软件，因此，原则上，我们建议使用最新版的 R 软件。独立的 V3.1 版本所依赖的包较少，因此需要兼容更多的版本。由于对多层网络展开的分析多数是建立在矩阵、向量运算基础上，因此强烈建议：

● 安装 R 语言运行环境，并将电脑进行配置以支持线性代数的库，比如 LAPACK[2] 和 BLAS[3]。

● 或者安装由 Microsoft 开发的加强型 R 语言运行环境，即 Microsoft R Open[4]。

如果安装了开发工具包，则无须下面的步骤：

```
1    install.package (devtools)
```

muxViz LIB 是一个开源框架，源代码可通过 Github[5] 上下载或在 R 语言运行环境中通过以下命令获得：

```
1    devtools::install_github ("manlius/muxViz")
```

同样在 Github 上，提供了完整软件包文档的使用建议和案例，以及有关多层网络社团探测、多层网络模体，以及如何设置 Infomap 和 FANMOD 路径的说明，同时还额外提供了一些带有案例的脚本。

---

[1] https://www.r-project.org/
[2] https://netlib.org/lapack/
[3] https://netlib.org/blas/
[4] https://mran.microsoft.com/download/
[5] https://github.com/manlius/muxViz/

A3　V2.0（GUI）的安装和要求

除了 V3.1 版本的上述要求外，用户需要验证电脑是否安装了 Java❶ 语言，以及用来进行地理数据可视化的 GDAL（Geospatial Data Abstraction Library）库 ❷。Java 是为了让 R 语言能够自动安装 rJava 和 OpenStreetMap 包，而 GDAL 则要求安装 sp 和 rgdal 包。另外，muxViz 软件附带的疑难问题解答中涵盖了用户使用中可能会遇到的一些问题。

muxViz 能够发现用户电脑中缺少的 R 包并自动进行安装。一旦下载了 muxViz，就可以解压缩到用户的电脑系统中，例如 in/user/path/muxviz。此时，需要打开 R 语言运行环境，并通过如下方式设置 muxViz 的工作目录，从而启动该工具。

```
1    setwd ("/user/path/muxviz")
```

接下来，输入：

```
1    source ("muxVizGUI.R")
```

当 muxViz 载入时，R 终端会显示一些对调试异常时的有用消息。muxViz 首次安装时会尝试自动安装 R 软件中缺失的包，因此对于较旧的系统，可能会耗时久一点。如果安装过程顺利，muxViz 会自动在浏览器上打开其初始界面，如图 A2 所示。

图 A2　muxViz 的初始界面。中间显示了一些可能的模块以及系统的相关信息。

---

❶　https://www.java.com/en/
❷　https://gdal.org/

A4 故障排除

如今，muxViz 拥有一个超过 600 个会员的社区，本部分将介绍在该社区的帮助下得以解决的一些问题。

A4.1 在 GNU/Linux 系统上快速安装

如果你使用的是 Linux 系统，下面的 BASH 脚本会帮你快速安装：

```
#download R from their repository
wget http://cran.es.r-project.org/src/base/R-3/
R-3.0.3.tar.gz
DIR=$PWD


#install R
sudo apt-get build-dep r-base-core
sudo mv R-3.2.0.tar.gz ~
cd ~
tar xvf R-3.2.0.tar.gz
cd R-3.2.0
./configure
make
sudo make install


#install GDAL
sudo apt-get install libgdal1-dev libproj-dev
```

A4.2 Ubuntu 14.04 系统

有一个社区用户提供了在该版本上安装 muxViz 的方法。为了在 R 语言运行环境中载入 muxViz2.0，他将原来的 muxVizGUI.R 文件：

```
1    devtools::install_github ("hiny-incubator", "rstudio")
```

修改为：

```
1    devtools::install_github ("rstudio/shiny-incubator",
     "rstudio")
```

A4.3　无法找到 Multimap 或 FANMOD

muxViz 通过多图 Multimap（又称 multiplex infomap）和 FANMOD 的 API 来访问外部软件。muxViz 的主屏幕会显示已经正确安装并可以使用该平台，反之则会出现警示信息。如果 FANMOD 或者 Multimap 缺失，用户是否需要注意呢？答案是视情况而定。如果缺失 Multimap，用户则不能基于 Infomap 算法进行多层社团探测；如果 FANMOD 缺失，用户则不能进行多层模体分析。

● 验证电脑是否安装了 C++ 编译器。Mac OS X 系统、GUN/Linux 系统已默认安装，但如果是 Windows 系统，则需要额外进行一些设置（http://www.mingw.org/wiki/howto_install_the_mingw_gcc_compiler_suite，https://www.youtube.com/watch?v=k3w0igwp-FM）。用户可通过查看官网来安装 GCC（https://gcc.gnu.org/wiki/InstallingGCC，https://gcc.gnu.org/install/specifc.html）。

● 找到 muxViz 文件夹中的"src"文件夹。

● 解压软件（名称为"fanmod_src.zip"或"Multiplex-Infomap_src.zip"）。

● 从终端进入软件目录，运行"make"。正常来讲，这一步会比较顺利，因为几秒钟后 GCC 编译器就会为系统临时产生二进制的可执行文件。如果没有，用户需要查看以下网址：https://www.gnu.org/software/make/manual/make.html；如果仍不能解决，可到 Google Group 寻求帮助。

● 将新产生的二进制文件复制到 muxViz 文件目录下的"bin"文件夹中。

● 确认软件是以"fanmod_linux"或"multiplex-infomap_linux"命名的。

使用独立库也需要重复上述步骤，最后一步除外。

A4.4　使用模体可能遇到的问题

出现这个问题的原因是 igraph 和 shinyjs 版本的冲突，可参考 https://github.com/igraph/igraph/issues/846。除了等待 igraph 最新版本更新，解决这一问题也可以尝试安装 dev 版本。

```
1    devtools::install_github ("igraph/rigraph")
```

在 Mac OS X 系统上运行可能有些繁琐，因为 R 语言可能会使用 clan 而不是 gcc/g++ 来编译，解决办法是创建一个"~/.R/Makevars"文件，如果不存在，可设置如下参数：

CFLAGS+=-O3-Wall-pipe-pedantic-std=gnu99

CXXFLAGS+=-O3-Wall-pipe-Wno-unused-pedantic

VER=-4.2

CC=gcc$ (VER)

CXX=g++$ (VER)

SHLIB_CXXLD=g++$ (VER)

FC=gfortran

F77=gfortran

MAKE=make-j8

然后重启 R 软件并尝试安装 igraph 的 dev 版本。

A4.5　使用 rgdal 可能遇到的问题

为恰当使用地理网络可视化，需要配合 GDAL（Geospatial Data Abstraction Library）库，在首次运行 muxViz 时就需要安装。GDAL 是 R 软件的一个包，可在 R 语言运行环境下通过如下方式安装：

```
1    install.packages ("sp")
2    install.packages ("rgdal")
```

但有些时候解决以上问题并非这样简单，此时可以从 Stackoverflow（http://stackoverfow.com/questions/15248815/rgdal-package-installation）或 Spatial.

ly（http://spatial.ly/2010/11/installing-rgdal-on-mac-os-x/）上找答案。无论如何，我们推荐用户查看 GDAL 官网并按照以下网址中的建议来进行操作：http://trac.osgeo.org/gdal/wiki/BuildHints。

A4.6　使用 rjava 可能遇到的问题（任何 OS 系统）

有用户首次使用 muxViz 时，遇到了下面的错误：

```
Warning: Error in : package or namespace load failed
for ?OpenStreetMap?:
.onLoad failed in loadNamespace（）for'rJava', details:
```

此时，可以尝试在终端中输入 R CMD javareconf，使 java 在 R 软件中顺利运行。用户可以参考 GNU/Linux 系统下的解决方案 https://stackoverfow.com/questions/3311940/r-rjava-package-install-failing，以及 Mac OS X 系统下的解决方案 https://github.com/MTFA/CohortEx/wiki/Run-rJava-with-RStudio-under-OSX-10.10，-10.11-（El-Capitan）-or-10.12-（Sierra）。

A4.7　使用 rjava 可能遇到的问题（最新 MacOS 系统）

最新 MacOS 系统安装 rjava 时也可能出现问题，此时用户需要查看 http://www.owsiak.org/r-java-rjava-and-macos-adventures/，https://stackoverfow.com/questions/30738974/rjava-load-error-in-rstudio-r-after-upgrading-to-osx-yosemite，http://osxdaily.com/2017/06/29/how-install-java-macos-high-sierra/，https://github.com/MTFA/CohortEx/wiki/Run-rJava-with-RStudio-under-OSX-10.10，-10.11-（El-Capitan）-or-10.12-（Sierra）。

一般来讲，R 软件需要配置 Java 语言运行环境，包括 JDK。可通过运行 "sudo R CMD javareconf" 来配置 java 语言运行环境，如果仍无法安装，可参考下面的方法。

对于 Sierra 版本之前的 MacOS 系统：

```
sudo ln -f -s
$（/usr/libexec/java_home）/jre/lib/server/libjvm.dylib
```

```
/usr/local/lib
```

但用户的 MacOS 如果找不到这个路径，此时需要寻找正确的路径：

```
/usr/libexec/java_home
```

以获取以下信息：

```
/Library/Java/JavaVirtualMachines/1.6.0.jdk/Contents/Home
```

寻找"dylib"文件：

```
find $(/usr/libexec/java_home) -name "libjvm"
```

如果无法找到，用户需要安装更多的 Java，可通过下面的代码了解已安装 java 的信息：

```
/usr/libexec/java_home -V
```

如果显示下面的代码：

```
1.8.0_162, x86_64: "Java SE 8" /Library/Java/Java...

1.6.0_65-b14-468, x86_64: "Java SE 6" /Library/Ja...

1.6.0_65-b14-468, i386: "Java SE 6" /Library/Java/J...

/Library/Java/JavaVirtualMachines/jdk1.8.0_162.jdk/...
```

此时，就不用接着看后面的两段了，但如果没有显示上面的代码，则需要安装 Java SE 6 和 Java SE 8。对于 Java SE 6，需要到 Apple 支持里面下载并安装 https://support.apple.com/downloads/DL1572/en_US/javaforosx.dmg。

Oracle 的网站并不是特别清晰，可以查看 https://docs.oracle.com/javase/8/docs/technotes/guides/install/mac_jdk.html 获得指导，并从 http://www.oracle.com/technetwork/java/javase/downloads/java-archive-javase8-2177648.html 下载 Java SE 8。用户需要下载和安装"jdk-8u162-macosx-x64.dmg"文件。下载 Java SE 8 时可能需要注册，可以跳过这一步骤。当 Java SE 6 和 SE 8 都安装完成后，运行下面代码：

```
/usr/libexec/java_home -V
```

顺利的话，会出现如下代码：

```
1.8.0_162, x86_64:"Java SE 8"/Library/Java/Java...
```

```
1.6.0_65-b14-468, x86_64:"Java SE 6"/Library/Ja...
1.6.0_65-b14-468, i386:"Java SE 6"/Library/Java/J...
/Library/Java/JavaVirtualMachines/jdk1.8.0_162.jdk/...
```

这就提示一切都顺利安装完毕！接下来，运行"java –version"，会出现：

```
java version "1.8.0_162"
Java(TM) SE Runtime Environment (build 1.8.0_162-b12)
Java HotSpot(TM) 64-Bit Server VM (build 25.162-b12,
mixed mode)
```

然后键入 Sudo R CMD javareconf，顺利的话，会在终端出现：

```
JAVA_HOME :/Library/Java/JavaVirtualMach...
Java library path: $(JAVA_HOME)/lib/server
JNI cpp flags: -I$(JAVA_HOME)/../include -I$(JA..
JNI linker flags: -L$(JAVA_HOME)/lib/server -ljvm
Updating Java configuration in/Library/Frameworks..
Done.
```

在终端继续复制下面的代码来安装 rJava：

```
unset JAVA_HOME
R --quiet -e 'install.packages("rJava",
type="source", repos="http://cran.us.r-project.org")
```

如果下面的运行没有问题，则表明一切设置妥当。

```
R--quiet-e'library("rJava"); .jinit();
.jcall("java/lang/System",
"S", "getProperty", "java.runtime.version")'
```

接下来会得到类似下面的结果：

```
1.8.0_162-b12
```

A4.8　在 R3.3 及以上版本中安装 muxViz

由于 muxViz 是基于多个 R 包运行的，因此，当某些包更新后，很容易导致 muxViz 的运行出现一些问题，特别是当用户使用最新版的 R 软件时（muxViz 是针对 R3.2 开发的）。此时，需要通过一些修补性工作来提高其兼容性。打开 muxVizGUI.R 并编辑如下内容来避免 ShinyDash 无法找到所导致的错误：

```
Line 1: if(grep("3.3",version$version.string)!=1){

-Line 12: comment it out as

#devtools::install_github("trestletech/ShinyDash")
```

接下来，从 R 控制台安装 Shiny Dash:

```
1  devtools::install_github("ShinyDash", "trestletech")
```

这样一来，muxViz 就可以正常启动了。

A4.9　使用自带的线性代数库

在 Mac 或 GUN/Linux 系统上，可以强行使用更快的 BLAS 版本的线性代数包。在 Mac OS X 系统上可通过下面的代码实现：

```
sudo ln-sf/System/Library/Frameworks/

Accelerate.framework/Frameworks/

vecLib.framework/Versions/Current/

libBLAS.dylib/Library/Frameworks/

R.framework/Resources/lib/libRblas.dylib
```

A5　数据准备：所识别的数据格式

数据应采用 plain text 文件以边列表形式保存，一般无论是 GUI 还是 LIB 版的 muxViz，都需要由某一层某一节点出发到另一个节点的连边。下面将详细介绍用于记录多层网络连接信息的各种数据格式。对 GUI 版本来讲，以下小节的内容比 LIB 版本更相关，因为 LIB 版本对数据结构的兼容性更高。然而，当使用 LIB 版的方式来导入相应的数据时，需要遵守下面的标准步骤。

A5.1 边—颜色网络

相应的配置文件是 ASCII 标准，包含多层网络中的层列表、相应的标签、确定节点特征的布局文件（如 ID、标签、地理坐标等），配置文件的基本格式为：

path_layer_X；label_layer_X；layout_layer_X，这几个变量的含义如下：

变量	类型	是否必须	描述
path_layer_X	字符串	是	指定路径和访问用于记录层信息（边列表）的文件名
label_layer_X	字符串	否	指定要在该层绘制中使用的标签
layout_layer_X	字符串	否	指定包含节点信息的文件的路径和文件名

配置文件中的每一行表示一层，A5.3 中显示了包含每一层信息的标准边列表信息。

A5.2 非边—颜色网络

如果多层网络为非边—颜色网络（比如存在层间连接），那么其格式只需要一行：

path_multilayer；path_to_layers_info；path_to_layers_layout

变量	类型	是否必须	描述
path_multilayer	字符串	是	指定要使用的扩展边列表的路径和文件名
path_to_layers_info	字符串	否	指定包含层信息文件的路径和文件名
path_to_layers_layout	字符串	否	指定包含节点信息文件的路径和文件名

A5.4 节显示了该多层网络下所需的扩展边列表格式组成的文件。

A5.3 标准边列表

经典边列表最多有三列：一列为起始节点，一列为终止节点，最后一列是权重。例如：

```
1 2 0.5

1 3 1.4

...

18 124 0.1
```

节点 ID 属于连续的整数（从 0 或 1 开始，截至网络中节点的最大数量）。也可以导入基于标签的边列表，其中节点 ID 用标签代替数字，此时需要在 muxViz 导入时选择相应的按钮，来导入如下格式的数据：

```
alice bob 0.5

alice charlie 1.4

...

john david 0.1
```

同时务必提供像 A5.5 所示的那种布局文件，用来指明每个节点的标签，比如：

```
nodelabel

alice

bob

john

david

...
```

A5.4 扩展边列表

扩展边列表是一种允许指明各种可能类型连边、层的新格式。每一行指明了出发节点（第一列）、出发层（第二列）、目的节点（第三列）和目的层（第四列），也有可能加一个权重列（第五列），例如：

```
1 1 2 1 0.5

1 1 3 1 1.4

...

18 2 124 2 0.1
```

扩展边列表的使用原则同标准边列表。

A5.5　布局文件的格式

文件第一行必须指明相应的节点属性。首先，列的顺序不应该相关，当指定 nodeLat 和 nodeLong 后，它们会通过墨卡托投影自动转换成笛卡尔坐标系。其次，多层网络中各节点的特征必须指明，或使用默认值（即自动标签或布局）。如果网络中节点数与布局文件中的节点数不同，则软件默认布局文件有误，此时会使用默认值。

变量	类型	是否必须	描述
nodeID	整数型	是	指明各节点的 ID
nodeLabel	字符串	否	标签属性
nodeX	浮点型	否	笛卡尔坐标系下的 X 布局
nodeY	浮点型	否	笛卡尔坐标系下的 Y 布局
nodeLat	浮点型	否	地理布局的维度
nodeLong	浮点型	否	地理布局的经度

A5.6　层信息文件的格式

文件首行必须指明对应层的名称，且列的顺序不相关，格式如下：

变量	类型	是否必须	描述
LayerID	整数型	是	指明各层的 ID
layerLabel	字符串	否	标签属性

A5.7　时间线文件的格式

该模块可以将多层网络顶部的动力学过程，转换为直观的可视化图。例如，用户可以将一个及以上个体或随机游走者在网络中的运动轨迹、传染病传播、社会网络中的模因、交通网的车流量及潜在的堵塞情况等进行可视化。

这里要做的，就是增加一个时间线文件，用来指明多层网络中状态节点或连边变化的每一步。对象状态可通过其颜色或大小的变化来表示。例如，在某国家传染病流行的案例中，节点大小与城市人口数量成比例，节点颜色表示感染人群。

这种描述需要大量的多样性的动力学来表示和可视化。比如，必要时将节点和边的大小设置为 0，此时，有可能将多层网络中节点和连边随时间的出现、消失的的这些时间变化进行可视化。

就其格式来讲，第一行必须指明相应时间线特征的名称，列的顺序不相关。如果网络有 L 层，用户希望在可视化中包含聚合网络，那么可以在 layerID 字段使用 $L+1$。

变量	类型	是否必须	描述
timeStep	整数型	是	指明时间步的 ID
labelStep	字符串	是	快照标签
entity	字符串	是	可以是节点或连边，用于修改的对象
layerID	整数型	是	识别层的 ID
nodeID	整数型或字符串	是	是节点时为整数型，连边时为字符串（例如"3–7"对应节点 3 到节点 7 的连边）
color	字符串	是	实体的 16 进制颜色
sizeFactor	浮点型	是	实体相对的大小、规模

B 基本术语表

邻接矩阵（adjacency matrix）：复杂网络的数学表示，记录了节点间相互联系及关联强度的信息。其中，不对称矩阵表示有向网络，对称矩阵表示无向网络，二进制矩阵表示无权网络，非二进制矩阵表示加权网络。

聚合网络（aggregate network）：将多层网络的各层进行聚合（求和或各种矩阵操作）后形成的2阶张量。

环形可视化（annular visualization）：用于多层网络相关指标横向比较的一种可视化类型，例如，它可用于比较多层网络中各层节点中心性的值，或者同时与多重通用性指标进行比较。

同配混合（assortative mixing）：节点间依据某些特征进行选择性连接。

同配性（assortativity）：节点与其相似节点连接的倾向。

权威中心性（authority centrality）：见"HITS中心性"。

平均路径长度（average path length）：网络中所有最短路径长度的抽样平均值。

BA模型（Barabasi-Albert model）：以优先连接为主要特征，按幂律分布规律实现增长的一种网络模型。

中介中心性（betweenness centrality）：与穿过每个节点的最短路径数成比例的中心性指标。

中心性（centrality）：赋予网络中每个节点一个得分，用于表示它们的重要性。例如，连边数量、信息流的大小等。

回路（circuit）：游走者所遍历节点和连边的序列，是一个不走重复边的闭环。

接近中心性（closeness centrality）：网络中该节点与其他节点间测地距离之和的反比。

聚类（cluster）：同一社区或连通分量中的一组节点。

复杂网络（complex network）：由一组节点和关系形成的复杂连接模式。

配置模型（configuration model）：在已知度分布下构建的随机网络模型。

连通分量（connected component）：通过无向路径相互连接的节点集。

核中心性（coreness centrality）：如果节点属于网络中的k-core，则为其分配一个分值k，该节点不属于（l+1）-核。见"k-core分解"。

耦合层（coupled layers）：通过结构或功能方面的关系，相互连接起来的不同网络。

覆盖（coverage）：在复杂网络顶部的随机过程中，覆盖是随机游走者在一定时间、至少访问1次的节点比例。

关键点（critical point）：系统控制参数的值，出现该值时，系统会发生相变。

环（cycle）：游走者遍历的节点和连边的序列，是一个没有重复节点和连边的闭合路径。

度中心性（degree centrality）：某一节点（出度、入度、层间、层内）连边的数量。

度-度相关性（degree-degree correlation）：某一节点的度对其邻居节点度的影响。

描述长度（description length）：考虑到数据集和用来描述它的假设（如数学模型），描述长度被定义为两个词语的总和（一个词记录基于假设来描述数据的比特数，一个词记录用来描述假说的比特数）。

直径（diameter）：网络中最长的两点间最短路径的长度。

扩散（diffusion）：网络顶部动力学的特殊类型，节点的信息（如水流、模因等）按一定规则在其邻居节点中分布。

分解（dismantling）：基于某种特定规则对网络节点或连线进行移除的过程。

动力学（dynamics）：从网络顶部出发的动力学过程（如随机游走、同步等），或控制网络增长或收缩的规则。

边-颜色多重图（edge-colored multigraph）：层之间没有连接的多层网络。

特征向量中心性（eigenvector centrality）：对网络中的一个节点分配分值，然后评估其邻居节点的重要性、其邻居的邻居节点的重要性，如此不断迭代的过程。可估计为控制方程的主导特征值——这种矩阵是邻接矩阵，在有向网络中不太好定义。

涌现（emergence）：在复杂系统中，涌现现象通常容易在大尺度而非微观层次发现，也不能通过对每个节点的了解而简单地推导出来。

Erdös–Rényi模型：以相同概率独立连接每一对节点而构建的随机网络模型。

指数随机图模型（exponential random graph model）：通过Hamiltonian函数的一系列约束项（如平均度、度序列等），最大化一个函数（如Gibbs熵）来构造的随机网络模型。

最大连通分量（giant connected component）：渗流相变的顺序参数。非渗流相变阶段该值为0，然后在渗流相变阶段随系统规模成比例地变动。

HITS中心性：一种特征向量中心性，由枢纽性和权威性两个因素决定。控制矩阵由枢纽性得分邻接矩阵的转置与邻接矩阵乘积，以及邻接矩阵的转置与权威性得分的邻接矩阵乘积构成。

信息（information）：某变量结果不确定性或出人意料的程度，单位是比特。1比特信息能减少事件一半的不确定性。

信息流（information stream）：在复杂网络信息动力学的统计场理论中，矩阵是通过传播者特征分解获得的。比如，网络中传播者会促进信息流动和扩散。

相互依存网络（interdependent network）：各层相互连接，且每一个物理节点都只存在于1层的多层网络。

层间（inter–layer）：穿越各层的多层网络，例如两个或两个以上不同层的相关或操作。

层内（intra–layer）：在多层网络中的某一层，例如，仅在某一层的相关或操作。

JS散度（Jensen–Shannon divergence）：用于测度不同概率分布差异的对称信息论。

JS距离（Jensen–Shannon distance）：JS散度的平方根，允许用户定义一个信息论度量。

Katz 中心性：能够克服特征向量中心性缺陷的一种特征向量中心性指标。

k-core：由度大于等于k的节点组成的最大子图。

k-core分解：在网络中发现k-core的过程。

KL散度（Kullback–Leibler divergence）：用于测度不同概率分布差异的非对称信息论。

LFR模型（Lancichinetti–Fortunato–Radicchi model）：用来产生度分布和社团规模分布均符合幂率分布的随机网络模型。

拉普拉斯矩阵（Laplacian matrix）：又称离散拉普拉斯算子或Kirchhoff矩阵，是除邻接矩阵外的另一种网络矩阵表征形式。有多种形式的拉普拉斯矩阵，它们的区别在于标准化的方式以及动力学类型。例如，拉普拉斯矩阵控制网络的扩散过程：对角线与节点度（或力量）有关，当两个节点是相邻或0时，非对角线等于 − 1（或负权重）。

最大交叉分量（largest connected component）：节点与各层同时相连的最大聚类。

最大可行分量（largest viable component）：由同时在每一层通过一条路径相连的节点组成的最大聚类。

层–层相关性（layer–layer correlation）：产生于多层系统中至少两个网络间的拓扑相关性。通常，用统计相关性（如度、聚类）测度。也可以是像节点或边这样重叠的拓扑单元。

马尔科夫过程（Markovian process）：下一步动作只取决于当前状态的一种随机过程。

矩阵化：通过变换形状和维度，在不损失信息的情况下将张量转移成另一张量的线性运算。

介观尺度（mesoscale）：将节点划分成组。

最短描述长度（minimum description length）：一种基于奥姆卡剃刀定律，使用最短描述来刻画数据的方式。

模块化（modularity）：以模块为单位测度网络组织的指标。基于边依据网络配置模型随机分布的假设，来量化模块比预期更稠密的趋势。

模块最大化（modularity maximization）：基于模块化的优化程序，用于探测网络中的社团或组织。

模体（motifs）：通常由少数节点构成的子图，在网络中经常出现。

多重网络（multiplex network）：层与层相互连接的多层网络，其中某一层的节点与其在另一层的副本节点相连接。

多重性（multiplexity）：节点间展现出多种相互作用的系统的一种特征。

多层邻接张量（multilayer adjacency tensor）：多层网络的一种自洽性的数学表示方式，其中张量中的条目记录了节点在层间或层内的连接。

多层拉普拉斯张量（multilayer Laplacian tensor）：与多层邻接张量相对应的拉普拉斯张量。

多图（multimap）：用于识别多层网络中社团的一种信息论方法，是基于映射方程的一种多层泛化，建立在多层随机游走和轨迹压缩基础之上，其优化方式基于最短描述长度原则。

互信息（mutual information）：测度两个分布相似性的一种对称信息论的方法，可视为KL散度的特例。

导航性（navigability）：用来描述和测度复杂网络结构特征探测难易的方法，比如通过随机游走等。

空网络模型（null network model）：用来进行复杂网络统计学分析的一种空模型，通常基于随机过程得到。

节点重叠（overlapping node）：多层网络中有一个以上的副本节点或状态节点的节点。

边重叠（overlapping edge）：连接多层网络不同层上一对节点的边。

PageRank中心性：克服特征向量和Katz中心性不足的一种特征向量中心性类型，也可以解释为由特殊转移矩阵（即Google矩阵）控制的随机游走的稳定状态（如马尔科夫过程）。

分割（partition）：在社区探测过程中，将每个节点划分到至少1个社团的过程。

路径（path）：游走者遍历的节点和连边的序列，属于没有重复节点和连边的轨迹。

渗流（percolation）：按照一定标准，移除一小部分节点或/和连边，计算剩余子系统的统计和地理特征的过程。

相变（phase transition）：系统从一种状态到另一种状态的变化。

随机网络模型（random network models）：根据经验复杂网络特征，基于连通性是随机的这一假设，用来生成的一个或多个模型（如ER模型、BA模型、SBM模型、LFR模型、ERGM模型等）。

可简化性（reducibility）：为简化多层网络的规模和复杂度而进行的粗粒化表征过程。通常由基于结构或功能的损失函数决定，用以计算在粗粒化表征过程中的信息损失。

随机故障（random failure）：网络中不可预期的故障，常规做法是随机均匀地移除节点或连边。

随机游走（random walk）：基于某些转移规则，且下一步遍历的节点或连边是随机的。

自环（self-loop）：起点和终点在网络同一节点的边。

信息熵（Shannon entropy）：接收者对信息发送者通过一定途径发送的信息感到意外的程度或信息量。通常用于测度遵循概率分布的随机变量的不确定性水平。从这个意义上说，可将其视为平坦度（flatness）的一种度量，例如度量一种分布是否均匀。

最短路径（shortest path）：在连接两个节点全部路径中最短的那一条。

相似性（similarity）：一种测度两个向量或矩阵相关性的方法。

动态SNXI分解（SNXI decomposition，dynamical）：从四种不同作用力方面对多层网络动力机制进行分解，每种作用力对应一种具体的动力学效果：自身互动、内生互动、外生互动、缠绕交织。

结构SNXI分解（SNXI decomposition，structural）：从四种不同张量的作用方面对多层邻接张量进行分解，每种对应一种具体的结构关系：自身互动、内生互动、外生互动、缠绕交织。

状态节点（state node）：存在于多层网络某一层的节点。

随机块模型（stochastic block model）：合成具有中观结构（如社区、核心-边缘等）的随机网络模型，该模型通过连接矩阵确定两个节点在某一个或多个块中的连接概率。

强度中心性（strength centrality）：将连边的各种权重（指入、指出、层内和层间）求和并记录到一个节点上。对于无向网络，与度中心性相同。

结构（structure）：指复杂网络的拓扑性。

结构网络（structural network）：连边能够记录任何节点对之间关系或强度的复杂网络，而不是基于统计相关性或相似性（即功能网络）。

超邻接矩阵（supra-adjacency matrix）：多层网络的一种数学表示，其中各条目（entries）记录层内或层间节点间的连接。

超拉普拉斯矩阵（supra-Laplacian matrix）：与超邻接矩阵相对应的拉普拉斯矩阵。

系统（system）：具有互动或其他类型关系的一组单元，虽然并非所有的复杂系统都可以用复杂网络来表示，但人们通常将其视为复杂网络的同义词。

时变网络（temporal network，time-varying network）：一种节点和连线随时间发生变化的复杂系统。

张量（tensor）：用来记录向量空间上各单元多重线性关系的基本数学对象。

轨迹（trail）：游走者遍历的节点和连边的序列，是一个没有重复连边的路线。

通用性（versatility）：节点中心性概念在多层网络领域的一种泛化和推广。

Watts-Strogatz模型（即小世界模型）：是一种随机图形生成模型，具有较短的平均路径长度和较高的聚类性。

弱连通分量（weakly connected component）：在有向网络中，通过无向路径可达的节点的子集。

参考文献

[1] Artime, O. & al, e. Multilayer Network Science. Theory and Applications: from Cells to Societies(Cambridge University Press, 2021).

[2] Bianconi, G. Multilayer networks: structure and function(Oxford University Press, 2018).

[3] Zachary, W. W. An information fow model for confict and fssion in small groups. Journal of Anthropological Research 33, 452–473(1977).

[4] De Domenico, M. Multilayer Networks Illustrated(2020). Download from http://doi.org/10.17605/OSF.IO/GY53Khttp://doi.org/10.17605/OSF.IO/GY53K; Accessed: 2020–11–25.

[5] Ferrara, E., Varol, O., Davis, C., Menczer, F. & Flammini, A. The rise of social bots. Communications of the ACM 59, 96–104(2016).

[6] Stella, M., Ferrara, E. & De Domenico, M. Bots increase exposure to negative and infammatory content in online social systems. Proceedings of the National Academy of Sciences 115, 12435–12440(2018).

[7] Kolda, T. G. & Bader, B. W. Tensor decompositions and applications. SIAM Review 51, 455–500(2009).

[8] Baggio, J. A. et al. Multiplex social ecological network analysis reveals how social changes afect community robustness more than resource depletion. PNAS 113, 13708–13713(2016).

[9] Timóteo, S., Correia, M., Rodríguez–Echeverría, S., Freitas, H. & Heleno, R. Multilayer networks reveal the spatial structure of seed–dispersal interactions across the great rift landscapes. Nature Communications 9, 140(2018).

[10] De Domenico, M., Solé –Ribalta, A., Omodei, E., Gómez, S. & Arenas, A. Ranking in interconnected multilayer networks reveals versatile nodes. Nature

Communications 6, 6868(2015).

[11] Seidman, S. B. Network structure and minimum degree. Social networks 5, 269–287(1983).

[12] De Domenico, M., Lima, A., Mougel, P. & Musolesi, M. The anatomy of a scientifc rumor. Scientifc reports 3, 2980(2013).

[13] Rosvall, M. & Bergstrom, C. T. Maps of random walks on complex networks reveal community structure. PNAS 105, 1118–1123(2008).

[14] Edler, D., Bohlin, L. & Rosvall, M. Mapping higher–order network fows in memory and multilayer networks with infomap. Algorithms 10, 112(2017).

[15] De Domenico, M., Lancichinetti, A., Arenas, A. & Rosvall, M. Identifying modular fows on multilayer networks reveals highly overlapping organization in interconnected systems. Physical Review X 5, 011027(2015).

[16] Mangioni, G., Jurman, G. & DeDomenico, M. Multilayer fows in molecular networks identify biological modules in the human proteome. IEEE Transactions on Network Science and Engineering 7, 411(2018).

[17] Ghavasieh, A. & De Domenico, M. Enhancing transport properties in interconnected systems without altering their structure. Physical Review Research 2, 013155(2020).

[18] De Domenico, M., Solé –Ribalta, A., Gómez, S. & Arenas, A. Navigability of interconnected networks under random failures. PNAS 111, 8351–8356(2014).

[19] De Domenico, M., Porter, M. A. & Arenas, A. Muxviz: a tool for multilayer analysis and visualization of networks. Journal of Complex Networks 3, 159–176(2015).

[20] Watts, D. J. & Strogatz, S. H. Collective dynamics of small–world networks. Nature 393, 440(1998).

[21] Barabási, A.–L. & Albert, R. Emergence of scaling in random networks. Science 286, 509–512(1999).

[22] Barrat, A., Barthelemy, M. & Vespignani, A. Dynamical processes on

complex networks(Cambridge University Press, 2008).

[23] Newman, M. Networks: an introduction(Oxford University Press, 2010).

[24] Barabási, A.-L. & Pósfai, M. Network science(Cambridge University Press, 2016).

[25] Caldarelli, G. Scale-free networks: complex webs in nature and technology(Oxford University Press, 2007).

[26] Dorogovtsev, S. N. Lectures on complex networks, vol. 24(Oxford University Press, 2010).

[27] Estrada, E. The structure of complex networks: theory and applications(Oxford University Press, 2012).

[28] Latora, V., Nicosia, V. & Russo, G. Complex networks: principles, methods and applications(Cambridge University Press, 2017).

[29] Borgatti, S. P., Mehra, A., Brass, D. J. & Labianca, G. Network analysis in the social sciences. science 323, 892-895(2009).

[30] Jackson, M. O. Chapter 12-an overview of social networks and economic applications*. vol. 1 of Handbook of Social Economics, 511-585(NorthHolland, 2011).

[31] Borgatti, S. P. & Halgin, D. S. On network theory. Organization Science 22, 1168-1181(2011).

[32] Sporns, O., Chialvo, D. R., Kaiser, M. & Hilgetag, C. C. Organization, development and function of complex brain networks. Trends in Cognitive Sciences 8, 418-425(2004).

[33] Bullmore, E. & Sporns, O. Complex brain networks: graph theoretical analysis of structural and functional systems. Nature Reviews Neuroscience 10, 186(2009).

[34] Meunier, D., Lambiotte, R. & Bullmore, E. T. Modular and hierarchically modular organization of brain networks. Frontiers in Neuroscience 4, 200(2010).

[35] Sporns, O. The human connectome: a complex network. Annals of the

New York Academy of Sciences 1224, 109–125(2011).

[36] Bullmore, E. & Sporns, O. The economy of brain network organization. Nature Reviews Neuroscience 13, 336(2012).

[37] Sporns, O. Contributions and challenges for network models in cognitive neuroscience. Nature Neuroscience 17, 652(2014).

[38] Fallani, F. D. V., Richiardi, J., Chavez, M. & Achard, S. Graph analysis of functional brain networks: practical issues in translational neuroscience. Phil. Trans. R. Soc. B 369, 20130521(2014).

[39] Medaglia, J. D., Lynall, M.–E. & Bassett, D. S. Cognitive network neuroscience. Journal of Cognitive Neuroscience 27, 1471–1491(2015).

[40] Bassett, D. S. & Sporns, O. Network neuroscience. Nature Neuroscience 20, 353(2017).

[41] Yarden, Y. & Sliwkowski, M. X. Untangling the erbb signalling network. Nature Reviews Molecular Cell biology 2, 127(2001).

[42] Tyson, J. J., Chen, K. & Novak, B. Network dynamics and cell physiology. Nature Reviews Molecular Cell Biology 2, 908(2001).

[43] Kitano, H. Computational systems biology. Nature 420, 206(2002).

[44] Barabasi, A.–L. & Oltvai, Z. N. Network biology: understanding the cell's functional organization. Nature Reviews Genetics 5, 101(2004).

[45] Kitano, H. Biological robustness. Nature Reviews Genetics 5, 826(2004).

[46] Thiery, J. P. & Sleeman, J. P. Complex networks orchestrate epithelial–mesenchymal transitions. Nature Reviews Molecular Cell biology 7, 131(2006).

[47] Sharan, R. & Ideker, T. Modeling cellular machinery through biological network comparison. Nature Biotechnology 24, 427(2006).

[48] Barabási, A.–L., Gulbahce, N. & Loscalzo, J. Network medicine: a network–based approach to human disease. Nature Reviews Genetics 12,

56(2011).

[49] Strogatz, S. H. Exploring complex networks. nature 410, 268(2001).

[50] Albert, R. & Barabási, A.-L. Statistical mechanics of complex networks. Reviews of Modern Physics 74, 47(2002).

[51] Newman, M. E. The structure and function of complex networks. SIAM review 45, 167–256(2003).

[52] Boccaletti, S., Latora, V., Moreno, Y., Chavez, M. & Hwang, D.-U. Complex networks: Structure and dynamics. Physics reports 424, 175–308(2006).

[53] Arenas, A., Díaz-Guilera, A., Kurths, J., Moreno, Y. & Zhou, C. Synchronization in complex networks. Physics Reports 469, 93–153(2008).

[54] Dorogovtsev, S. N., Goltsev, A. V. & Mendes, J. F. Critical phenomena in complex networks. Reviews of Modern Physics 80, 1275(2008).

[55] Newman, M. E. Communities, modules and large-scale structure in networks. Nature Physics 8, 25(2012).

[56] Holme, P. & Saramäki, J. Temporal networks. Physics reports 519, 97–125(2012).

[57] Holme, P. Modern temporal network theory: a colloquium. The European Physical Journal B 88, 234(2015).

[58] D'Souza, R. M. & Nagler, J. Anomalous critical and supercritical phenomena in explosive percolation. Nature Physics 11, 531(2015).

[59] Pastor-Satorras, R., Castellano, C., Van Mieghem, P. & Vespignani, A. Epidemic processes in complex networks. Reviews of Modern Physics 87, 925(2015).

[60] Fortunato, S. & Hric, D. Community detection in networks: A user guide.Physics Reports 659, 1–44(2016).

[61] Wang, Z. et al. Statistical physics of vaccination. Physics Reports 664, 1–113(2016).

[62] Montoya, J. M., Pimm, S. L. & Solé, R. V. Ecological networks and their fragility. Nature 442, 259(2006).

[63] Ings, T. C. et al. Ecological networks-beyond food webs. Journal of Animal Ecology 78, 253–269(2009).

[64] Erdös, P. & Rényi, A. On random graphs, i. Publicationes Mathematicae (Debrecen)6, 290–297(1959).

[65] Newman, M. E., Watts, D. J. & Strogatz, S. H. Random graph models of social networks. PNAS 99, 2566–2572(2002).

[66] Ravasz, E. & Barabási, A.-L. Hierarchical organization in complex networks. Physical Review E 67, 026112(2003).

[67] Sales-Pardo, M., Guimera, R., Moreira, A. A. & Amaral, L. A. N. Extracting the hierarchical organization of complex systems. PNAS 104, 15224–15229(2007).

[68] Clauset, A., Moore, C. & Newman, M. E. Hierarchical structure and the prediction of missing links in networks. Nature 453, 98(2008).

[69] Peixoto, T. P. Hierarchical block structures and high-resolution model selection in large networks. Physical Review X 4, 011047(2014).

[70] Corominas-Murtra, B., Goñi, J., Solé, R. V. & Rodríguez-Caso, C. On the origins of hierarchy in complex networks. PNAS 110, 13316–13321(2013).

[71] Girvan, M. & Newman, M. E. Community structure in social and biological networks. PNAS 99, 7821–7826(2002).

[72] Donetti, L. & Munoz, M. A. Detecting network communities: a new systematic and effcient algorithm. Journal of Statistical Mechanics 2004, P10012(2004).

[73] Duch, J. & Arenas, A. Community detection in complex networks using extremal optimization. Physical review E 72, 027104(2005).

[74] Newman, M. E. Modularity and community structure in networks. PNAS 103, 8577–8582(2006).

[75] Reichardt, J. & Bornholdt, S. Statistical mechanics of community detection. Physical Review E 74, 016110(2006).

[76] Fortunato, S. & Barthelemy, M. Resolution limit in community detection. PNAS 104, 36–41(2007).

[77] Arenas, A., Fernandez, A. & Gomez, S. Analysis of the structure of complex networks at diferent resolution levels. New Journal of Physics 10, 053039(2008).

[78] Blondel, V. D., Guillaume, J.-L., Lambiotte, R. & Lefebvre, E. Fast unfolding of communities in large networks. Journal of Statistical Mechanics 2008, P10008(2008).

[79] Lancichinetti, A. & Fortunato, S. Community detection algorithms: a comparative analysis. Physical Review E 80, 056117(2009).

[80] Lancichinetti, A., Fortunato, S. & Kertész, J. Detecting the overlapping and hierarchical community structure in complex networks. New Journal of Physics 11, 033015(2009).

[81] Peixoto, T. P. Parsimonious module inference in large networks. Physical Review Letters 110, 148701(2013).

[82] Newman, M. E. & Peixoto, T. P. Generalized communities in networks. Physical Review Letters 115, 088701(2015).

[83] Peixoto, T. P. Model selection and hypothesis testing for large-scale network models with overlapping groups. Physical Review X 5, 011033(2015).

[84] Guimera, R. & Amaral, L. A. N. Functional cartography of complex metabolic networks. Nature 433, 895(2005).

[85] Pons, P. & Latapy, M. Computing communities in large networks using random walks. J. Graph Algorithms Appl. 10, 191–218(2006).

[86] Rosvall, M. & Bergstrom, C. T. An information-theoretic framework for resolving community structure in complex networks. PNAS 104, 7327–7331(2007).

[87] Mucha, P. J., Richardson, T., Macon, K., Porter, M. A. & Onnela, J.-P.

Community structure in time-dependent, multiscale, and multiplex networks. Science 328, 876–878(2010).

[88] Lambiotte, R., Delvenne, J.-C. & Barahona, M. Random walks, markov processes and the multiscale modular organization of complex networks. IEEE Transactions on Network Science and Engineering 1, 76–90(2014).

[89] De Domenico, M. Difusion geometry unravels the emergence of functional clusters in collective phenomena. Physical Review Letters 118, 168301(2017).

[90] Peixoto, T. P. & Rosvall, M. Modelling sequences and temporal networks with dynamic community structures. Nature Communications 8, 582(2017).

[91] Dorogovtsev, S. N., Mendes, J. F. F. & Samukhin, A. N. Structure of growing networks with preferential linking. Physical Review Letters 85, 4633(2000).

[92] Bianconi, G. & Barabási, A.-L. Bose-einstein condensation in complex networks. Physical Review Letters 86, 5632(2001).

[93] Krapivsky, P. L. & Redner, S. Organization of growing random networks. Physical Review E 63, 066123(2001).

[94] Bianconi, G. & Barabási, A.-L. Competition and multiscaling in evolving networks. EuroPhysics Letters 54, 436(2001).

[95] Callaway, D. S., Hopcroft, J. E., Kleinberg, J. M., Newman, M. E. & Strogatz, S. H. Are randomly grown graphs really random? Physical Review E 64, 041902(2001).

[96] Caldarelli, G., Capocci, A., De Los Rios, P. & Munoz, M. A. Scale-free networks from varying vertex intrinsic ftness. Physical Review Letters 89, 258702(2002).

[97] De Domenico, M. & Arenas, A. Modeling structure and resilience of the dark network. Physical Review E 95, 022313(2017).

[98] Molloy, M. & Reed, B. A critical point for random graphs with a given

degree sequence. Random structures & algorithms 6, 161–180(1995).

[99] Park, J. & Newman, M. E. Statistical mechanics of networks. Physical Review E 70, 066117(2004).

[100] Robins, G., Pattison, P., Kalish, Y. & Lusher, D. An introduction to exponential random graph(p*)models for social networks. Social Networks 29, 173–191(2007).

[101] Robins, G., Snijders, T., Wang, P., Handcock, M. & Pattison, P. Recent developments in exponential random graph(p*)models for social networks. Social Networks 29, 192–215(2007).

[102] Wang, P., Robins, G., Pattison, P. & Lazega, E. Exponential random graph models for multilevel networks. Social Networks 35, 96–115(2013).

[103] Albert, R., Jeong, H. & Barabási, A.-L. Error and attack tolerance of complex networks. Nature 406, 378(2000).

[104] Callaway, D. S., Newman, M. E., Strogatz, S. H. & Watts, D. J. Network robustness and fragility: Percolation on random graphs. Physical Review Letters 85, 5468(2000).

[105] Cohen, R., Erez, K., Ben-Avraham, D. & Havlin, S. Resilience of the internet to random breakdowns. Physical Review Letters 85, 4626(2000).

[106] Cohen, R., Erez, K., Ben-Avraham, D. & Havlin, S. Breakdown of the internet under intentional attack. Physical Review Letters 86, 3682(2001).

[107] Carreras, B. A., Lynch, V. E., Dobson, I. & Newman, D. E. Critical points and transitions in an electric power transmission model for cascading failure blackouts. Chaos: An interdisciplinary journal of nonlinear science 12, 985–994(2002).

[108] Watts, D. J. A simple model of global cascades on random networks. PNAS 99, 5766–5771(2002).

[109] Holme, P., Kim, B. J., Yoon, C. N. & Han, S. K. Attack vulnerability of complex networks. Physical review E 65, 056109(2002).

[110] Motter, A. E. & Lai, Y.-C. Cascade-based attacks on complex

networks. Physical Review E 66, 065102(2002).

[111] Crucitti, P., Latora, V. & Marchiori, M. A topological analysis of the italian electric power grid. Physica A: Statistical mechanics and its applications 338, 92–97(2004).

[112] Crucitti, P., Latora, V., Marchiori, M. & Rapisarda, A. Error and attack tolerance of complex networks. Physica A: Statistical mechanics and its applications 340, 388–394(2004).

[113] Zhao, L., Park, K. & Lai, Y.-C. Attack vulnerability of scale–free networks due to cascading breakdown. Physical Review E 70, 035101(2004).

[114] Crucitti, P., Latora, V. & Marchiori, M. Model for cascading failures in complex networks. Physical Review E 69, 045104(2004).

[115] Motter, A. E. Cascade control and defense in complex networks. Physical Review Letters 93, 098701(2004).

[116] Kinney, R., Crucitti, P., Albert, R. & Latora, V. Modeling cascading failures in the north american power grid. The European Physical Journal B 46, 101–107(2005).

[117] Smart, A. G., Amaral, L. A. & Ottino, J. M. Cascading failure and robustness in metabolic networks. PNAS 105, 13223–13228(2008).

[118] Dueñas–Osorio, L. & Vemuru, S. M. Cascading failures in complex infrastructure systems. Structural Safety 31, 157–167(2009).

[119] Wang, J.-W. & Rong, L.-L. Cascade–based attack vulnerability on the us power grid. Safety Science 47, 1332–1336(2009).

[120] Pahwa, S., Scoglio, C. & Scala, A. Abruptness of cascade failures in power grids. Scientifc Reports 4, 3694(2014).

[121] Braunstein, A., Dall'Asta, L., Semerjian, G. & Zdeborová, L. Network dismantling. PNAS 113, 12368–12373(2016).

[122] Kitsak, M. et al. Identifcation of infuential spreaders in complex networks. Nature Physics 6, 888(2010).

[123] Morone, F. & Makse, H. A. Infuence maximization in complex

networks through optimal percolation. Nature 524, 65(2015).

[124] Guimerà, R. & Sales-Pardo, M. Missing and spurious interactions and the reconstruction of complex networks. PNAS 106, 22073-22078(2009).

[125] Newman, M. E. & Clauset, A. Structure and inference in annotated networks. Nature Communications 7, 11863(2016).

[126] Hric, D., Peixoto, T. P. & Fortunato, S. Network structure, metadata, and the prediction of missing nodes and annotations. Physical Review X6, 031038(2016).

[127] Peel, L., Larremore, D. B. & Clauset, A. The ground truth about metadata and community detection in networks. Science Advances 3, e1602548(2017).

[128] Ford, L. R. & Fulkerson, D. R. Maximal fow through a network. Canadian Journal of Mathematics 8, 399-404(1956).

[129] De Domenico, M. et al. Mathematical formulation of multilayer networks. Physical Review X 3, 041022(2013).

[130] Capra, F. & Luisi, P. L. The systems view of life: A unifying vision(Cambridge University Press, 2014).

[131] Kapferer, B. Norms and the manipulation of relationships in a work context. In Michell, J.(ed.)Social Networks in Urban Situations(Manchester University Press, Manchester, 1969).

[132] Granovetter, M. S. The strength of weak ties. American Journal of Sociology 78, 1360-1380(1973).

[133] Gomez, S. et al. Difusion dynamics on multiplex networks. Physical Review Letters 110, 028701(2013).

[134] Verbrugge, L. M. Multiplexity in adult friendships. Social Forces 57, 1286-1309(1979).

[135] Padgett, J. F. & Ansell, C. K. Robust action and the rise of the medici, 1400-1434. American journal of sociology 98, 1259-1319(1993).

[136] Padgett, J. F. Marriage and elite structure in renaissance forence,

1282–1500. In Proceedings of Social Science History Association Annual Meeting, 1(Social Science History Association, 1994).

[137] Jacob, F. The logic of living systems: a history of heredity(Lane, 1974).

[138] Willner, S. N., Otto, C. & Levermann, A. Global economic response to river foods. Nature Climate Change 1(2018).

[139] Buldyrev, S. V., Parshani, R., Paul, G., Stanley, H. E. & Havlin, S. Catastrophic cascade of failures in interdependent networks. Nature 464, 1025(2010).

[140] Vespignani, A. Complex networks: The fragility of interdependency. Nature 464, 984(2010).

[141] Gao, J., Buldyrev, S. V., Stanley, H. E. & Havlin, S. Networks formed from interdependent networks. Nature Physics 8, 40(2012).

[142] Boccaletti, S. et al. The structure and dynamics of multilayer networks. Physics Reports 544, 1–122(2014).

[143] Kivelä, M. et al. Multilayer networks. Journal of Complex Networks 2, 203–271(2014).

[144] Lee, K.–M., Min, B. & Goh, K.–I. Towards real–world complexity: an introduction to multiplex networks. The European Physical Journal B 88, 48(2015).

[145] De Domenico, M., Granell, C., Porter, M. A. & Arenas, A. The physics of spreading processes in multilayer networks. Nature Physics 12, 901(2016).

[146] De Domenico, M. Multilayer modeling and analysis of human brain networks. GigaScience 6, 1–8(2017).

[147] De Domenico, M. Multilayer network modeling of integrated biological systems. Comment on "Network science of biological systems at diferent scales: A review" by Gosak et al. Physics of Life Reviews(2018).

[148] Cardillo, A. et al. Emergence of network features from multiplexity. Scientifc Reports 3(2013).

[149] Nicosia, V., Bianconi, G., Latora, V. & Barthelemy, M. Growing multiplex networks. Physical Review Letters 111, 058701(2013).

[150] Bianconi, G. Statistical mechanics of multiplex networks: Entropy and overlap. Physical Review E 87, 062806(2013).

[151] Battiston, F., Nicosia, V. & Latora, V. Structural measures for multiplex networks. Physical Review E 89, 032804(2014).

[152] Nicosia, V. & Latora, V. Measuring and modeling correlations in multiplex networks. Physical Review E 92, 032805(2015).

[153] Radicchi, F. & Bianconi, G. Redundant interdependencies boost the robustness of multiplex networks. Physical Review X 7, 011013(2017).

[154] Pilosof, S., Porter, M. A., Pascual, M. & Kéf, S. The multilayer nature of ecological networks. Nature Ecology & Evolution 1, 0101(2017).

[155] Silk, M. J., Finn, K. R., Porter, M. A. & Pinter-Wollman, N. Can multilayer networks advance animal behavior research? Trends in ecology & evolution 33, 376–378(2018).

[156] Stella, M., Selakovic, S., Antonioni, A. & Andreazzi, C. Ecological multiplex interactions determine the role of species for parasite spread amplifcation. eLife 7(2018).

[157] Arenas, A. & De Domenico, M. Nonlinear dynamics on interconnected networks. Physica D: Nonlinear Phenomena 323, 1–4(2016).

[158] Sole-Ribalta, A. et al. Spectral properties of the laplacian of multiplex networks. Physical Review E 88, 032807(2013).

[159] Requejo, R. J. & Díaz-Guilera, A. Replicator dynamics with difusion on multiplex networks. Physical Review E 94, 022301(2016).

[160] Brechtel, A., Gramlich, P., Ritterskamp, D., Drossel, B. & Gross, T. Master stability functions reveal difusion-driven pattern formation in networks. Physical Review E 97(2018).

[161] Tejedor, A., Longjas, A., Foufoula-Georgiou, E., Georgiou, T. T. & Moreno, Y. Difusion dynamics and optimal coupling in multiplex networks with

directed layers. Physical Review X 8, 031071(2018).

[162] Solé –Ribalta, A., De Domenico, M., Gómez, S. & Arenas, A. Random walk centrality in interconnected multilayer networks. Physica D: Nonlinear Phenomena 323, 73–79(2016).

[163] Lacasa, L. et al. Multiplex Decomposition of Non–Markovian Dynamics and the Hidden Layer Reconstruction Problem. Physical Review X 8, 031038(2018).

[164] Valdeolivas, A. et al. Random walk with restart on multiplex and heterogeneous biological networks. Bioinformatics(2018).

[165] Singh, A., Ghosh, S., Jalan, S. & Kurths, J. Synchronization in delayed multiplex networks. EPL(Europhysics Letters)111, 30010(2015).

[166] Skardal, P. S. & Arenas, A. Control of coupled oscillator networks with application to microgrid technologies. Science Advances 1, e1500339(2015).

[167] Zhang, X., Boccaletti, S., Guan, S. & Liu, Z. Explosive synchronization in adaptive and multilayer networks. Physical Review Letters 114, 038701(2015).

[168] Saa, A. Symmetries and synchronization in multilayer random networks. Physical Review E 97, 042304(2018).

[169] Leyva, I. et al. Relay synchronization in multiplex networks. Scientifc reports 8(2018).

[170] Yuan, Z., Zhao, C., Wang, W.–X., Di, Z. & Lai, Y.–C. Exact controllability of multiplex networks. New Journal of Physics 16, 103036(2014).

[171] Pósfai, M., Gao, J., Cornelius, S. P., Barabási, A.–L. & D'Souza, R. M. Controllability of multiplex, multi–time–scale networks. Physical Review E 94, 032316(2016).

[172] Gómez–Gardenes, J., Reinares, I., Arenas, A. & Floría, L. M. Evolution of cooperation in multiplex networks. Scientifc Reports 2, 620(2012).

[173] Matamalas, J. T., Poncela–Casasnovas, J., Gómez, S. & Arenas, A. Strategical incoherence regulates cooperation in social dilemmas on multiplex networks. Scientifc Reports 5, 9519(2015).

[174] Battiston, F., Perc, M. & Latora, V. Determinants of public cooperation in multiplex networks. New Journal of Physics 19, 073017(2017).

[175] Estrada, E. & Gómez–Gardeñes, J. Communicability reveals a transition to coordinated behavior in multiplex networks. Physical Review E 89, 042819(2014).

[176] Wang, H. et al. Efect of the interconnected network structure on the epidemic threshold. Physical Review E 88, 022801(2013).

[177] Sahneh, F. D., Scoglio, C. & Van Mieghem, P. Generalized epidemic mean–feld model for spreading processes over multilayer complex networks. IEEE/ACM Transactions on Networking(TON)21, 1609–1620(2013).

[178] Buono, C., Alvarez–Zuzek, L. G., Macri, P. A. & Braunstein, L. A. Epidemics in partially overlapped multiplex networks. PloS one 9, e92200(2014).

[179] Valdano, E., Ferreri, L., Poletto, C. & Colizza, V. Analytical computation of the epidemic threshold on temporal networks. Physical Review X 5, 021005(2015).

[180] Bianconi, G. Epidemic spreading and bond percolation on multilayer networks. Journal of Statistical Mechanics: Theory and Experiment 2017, 034001(2017).

[181] Tan, F., Wu, J., Xia, Y. & Chi, K. T. Trafc congestion in interconnected complex networks. Physical Review E 89, 062813(2014).

[182] Solé –Ribalta, A., Gómez, S. & Arenas, A. Congestion Induced by the Structure of Multiplex Networks. Physical Review Letters 116, 108701(2016).

[183] Chodrow, P. S., Al–Awwad, Z., Jiang, S. & González, M. C. Demand and Congestion in Multiplex Transportation Networks. PloS one 11, e0161738(2016).

[184] Jang, S., Lee, J. S., Hwang, S. & Kahng, B. Ashkin–Teller model and diverse opinion phase transitions on multiplex networks. Physical Review E 92, 022110(2015).

[185] Diakonova, M., Nicosia, V., Latora, V. & Miguel, M. S. Irreducibility

of multilayer network dynamics: the case of the voter model. New Journal of Physics 18, 023010(2016).

[186] Artime, O., Fernández–Gracia, J., Ramasco, J. J. & San Miguel, M. Joint effect of ageing and multilayer structure prevents ordering in the voter model. Scientifc Reports 7, 7166(2017).

[187] Antonopoulos, C. G. & Shang, Y. Opinion formation in multiplex networks with general initial distributions. Scientifc Reports 8, 2852(2018).

[188] Yagan, O. & Gligor, V. Analysis of complex contagions in random multiplex networks. Physical Review E 86, 036103(2012).

[189] Hu, Y., Havlin, S. & Makse, H. a. Conditions for Viral Infuence Spreading through Multiplex Correlated Social Networks. Physical Review X 4, 021031(2014).

[190] Ramezanian, R., Magnani, M., Salehi, M. & Montesi, D. Difusion of innovations over multiplex social networks. In Artifcial Intelligence and Signal Processing(AISP), 2015 International Symposium on, 300–304(IEEE, 2015).

[191] Traag, V. A. Complex contagion of campaign donations. PloS one 11, e0153539(2016).

[192] Wang, X. et al. Promoting information difusion through interlayer recovery processes in multiplex networks. Physical Review E 96, 032304(2017).

[193] Radicchi, F. & Arenas, A. Abrupt transition in the structural formation of interconnected networks. Nature Physics 9, 717(2013).

[194] Dickison, M., Havlin, S. & Stanley, H. E. Epidemics on interconnected networks. Physical Review E 85, 066109(2012).

[195] Cozzo, E., Baños, R. A., Meloni, S. & Moreno, Y. Contact–based social contagion in multiplex networks. Physical Review E 88, 050801(2013).

[196] Sanz, J., Xia, C.–Y., Meloni, S. & Moreno, Y. Dynamics of Interacting Diseases. Physical Review X 4, 041005(2014).

[197] de Arruda, G. F., Cozzo, E., Peixoto, T. P., Rodrigues, F. A. & Moreno, Y. Disease Localization in Multilayer Networks. Physical Review X 7,

011014(2017).

[198] Danziger, M. M., Bonamassa, I., Boccaletti, S. & Havlin, S. Dynamic interdependence and competition in multilayer networks. Nature Physics In press(2018).

[199] Funk, S., Gilad, E., Watkins, C. & Jansen, V. A. A. The spread of awareness and its impact on epidemic outbreaks. PNAS 106, 6872–6877(2009).

[200] Wu, Q., Fu, X., Small, M. & Xu, X.–J. The impact of awareness on epidemic spreading in networks. Chaos 22, 013101(2012).

[201] Lima, A., De Domenico, M., Pejovic, V. & Musolesi, M. Exploiting cellular data for disease containment and information campaigns strategies in country–wide epidemics. In Proceedings of Third International Conference on the Analysis of Mobile Phone Datasets, Boston, USA, 1(NETMOB, 2013).

[202] Granell, C., Gómez, S. & Arenas, A. Dynamical interplay between awareness and epidemic spreading in multiplex networks. Physical Review Letters 111(2013).

[203] Massaro, E. & Bagnoli, F. Epidemic spreading and risk perception in multiplex networks: a self–organized percolation method. Physical Review E 90, 052817(2014).

[204] Lima, A., De Domenico, M., Pejovic, V. & Musolesi, M. Disease containment strategies based on mobility and information dissemination. Scientifc Reports 5, 10650(2015).

[205] Funk, S. et al. Nine challenges in incorporating the dynamics of behaviour in infectious diseases models. Epidemics 10, 21–25(2015).

[206] Wang, Z., M. A. Andrews, Z.–X. W., Wang, L. & Bauch, C. T. Coupled disease–behavior dynamics on complex networks: A review. Physics of Life Reviews 15, 1–29(2015).

[207] Azimi–Tafreshi, N. Cooperative epidemics on multiplex networks. Physical Review E 93, 042303(2016).

[208] Velásquez–Rojas, F. Interacting opinion and disease dynamics

in multiplex networks: Discontinuous phase transition and nonmonotonic consensus times. Physical Review E 95, 052315(2017).

[209] Czaplicka, A., Toral, R. & Miguel, M. S. Competition of simple and complex adoption on interdependent networks. Physical Review E 94(2016).

[210] Amato, R., Díaz-Guilera, A. & Kleineberg, K.-K. Interplay between social infuence and competitive strategical games in multiplex networks. Scientifc Reports 7, 7087(2017).

[211] Soriano-Paños, D., Lotero, L., Arenas, A. & Gómez-Gardeñes, J. Spreading Processes in Multiplex Metapopulations Containing Diferent Mobility Networks. Physical Review X 8, 031039(2018).

[212] Nicosia, V., Skardal, P. S., Arenas, A. & Latora, V. Collective Phenomena Emerging from the Interactions between Dynamical Processes in Multiplex Networks. Physical Review Letters 118, 138302(2017).

[213] Gomez-Gardenes, J., de Domenico, M., Gutierrez, G., Arenas, A. & Gomez, S. Layer-layer competition in multiplex complex networks. Phil. Trans. R. Soc. A 373, 20150117-(2015).

[214] Kim, J. Y. & Goh, K.-I. I. Coevolution and correlated multiplexity in multiplex networks. Physical Review Letters 111, 058702(2013).

[215] Nicosia, V., Bianconi, G., Latora, V. & Barthelemy, M. Nonlinear growth and condensation in multiplex networks. Physical Review E 90, 042807(2014).

[216] Santoro, A., Latora, V., Nicosia, G. & Nicosia, V. Pareto optimality in multilayer network growth. Physical Review Letters 121, 128302(2018).

[217] Rosato, V. et al. Modelling interdependent infrastructures using interacting dynamical models. International Journal of Critical Infrastructures 4, 63-79(2008).

[218] Parshani, R., Buldyrev, S. V. & Havlin, S. Interdependent Networks: Reducing the Coupling Strength Leads to a Change from a First to Second Order Percolation Transition. Physical Review Letters 105, 048701(2010).

[219] Gao, J., Buldyrev, S. V., Havlin, S. & Stanley, H. E. Robustness of a network of networks. Physical Review Letters 107(2011).

[220] Valdez, L. D., Macri, P. A., Stanley, H. E. & Braunstein, L. A. Triple point in correlated interdependent networks. Physical Review E 88, 050803(2013).

[221] Radicchi, F. Driving interconnected networks to supercriticality. Physical Review X 4, 021014(2014).

[222] Liu, X., Stanley, H. E. & Gao, J. Breakdown of interdependent directed networks. PNAS 113, 1138–1143(2016).

[223] Yuan, X., Hu, Y., Stanley, H. E. & Havlin, S. Eradicating catastrophic collapse in interdependent networks via reinforced nodes. PNAS 114, 3311–3315(2017).

[224] Zhang, Y., Arenas, A. & Yağan, O. Cascading failures in interdependent systems under a fow redistribution model. Physical Review E 97, 022307(2018).

[225] Brummitt, C. D., D'Souza, R. M. & Leicht, E. A. Suppressing cascades of load in interdependent networks. PNAS 109, E680–E689(2012).

[226] Baxter, G. J., Dorogovtsev, S. N., Goltsev, A. V. & Mendes, J. F. F. Avalanche Collapse of Interdependent Networks. Physical Review Letters 109, 248701(2012).

[227] Brummitt, C. D., Lee, K.–M. & Goh, K.–I. Multiplexity–facilitated cascades in networks. Physical Review E 85, 045102(2012).

[228] Bianconi, G., Dorogovtsev, S. N. & Mendes, J. F. Mutually connected component of networks of networks with replica nodes. Physical Review E 91, 012804(2015).

[229] Bianconi, G. & Dorogovtsev, S. N. Multiple percolation transitions in a confguration model of a network of networks. Physical Review E 89, 062814(2014).

[230] Radicchi, F. Percolation in real interdependent networks. Nature

Physics 11, 597(2015).

[231] Hackett, A., Cellai, D., Gómez, S., Arenas, A. & Gleeson, J. P. Bond percolation on multiplex networks. Physical Review X 6, 021002(2016).

[232] Min, B., Yi, S. D., Lee, K.–M. & Goh, K.–I. Network robustness of multiplex networks with interlayer degree correlations. Physical Review E 89, 042811(2014).

[233] Cellai, D.,López, E., Zhou, J., Gleeson, J. P. & Bianconi, G. Percolation in multiplex networks with overlap. Physical Review E 88, 052811(2013).

[234] Osat, S., Faqeeh, A. & Radicchi, F. Optimal percolation on multiplex networks. Nature Communications 8, 1540(2017).

[235] Baxter, G. J., Timár, G. & Mendes, J. F. F. Targeted damage to interdependent networks. Phys. Rev. E 98, 032307(2018).

[236] Majdandzic, A. et al. Multiple tipping points and optimal repairing in interacting networks. Nature Communications 7, 10850(2016).

[237] Singh, R. K. & Sinha, S. Optimal interdependence enhances the dynamical robustness of complex systems. Physical Review E 96(2017).

[238] Peixoto, T. P. Inferring the mesoscale structure of layered, edge–valued, and time–varying networks. Physical Review E 92, 042807(2015).

[239] Bazzi, M., Jeub, L. G., Arenas, A., Howison, S. D. & Porter, M. A. A framework for the construction of generative models for mesoscale structure in multilayer networks. Physical Review Research 2, 023100(2020).

[240] Chung, F. R. & Graham, F. C. Spectral graph theory. 92(American Mathematical Soc., 1997).

[241] Noh, J. D. & Rieger, H. Random walks on complex networks. Physical Review Letters 92, 118701(2004).

[242] Masuda, N., Porter, M. A. & Lambiotte, R. Random walks and difusion on networks. Physics reports(2017).

[243] Wang, Z., Wang, L., Szolnoki, A. & Perc, M. Evolutionary games

on multilayer networks: a colloquium. The European physical journal B 88, 124(2015).

[244] Golubitsky, M., Stewart, I. & Török, A. Patterns of synchrony in coupled cell networks with multiple arrows. SIAM Journal on Applied Dynamical Systems 4, 78–100(2005).

[245] Min, B., Do Yi, S., Lee, K.–M. & Goh, K.–I. Network robustness of multiplex networks with interlayer degree correlations. Physical Review E 89, 042811(2014).

[246] Reis, S. D. et al. Avoiding catastrophic failure in correlated networks of networks. Nature Physics 10, 762(2014).

[247] Gemmetto, V. & Garlaschelli, D. Multiplexity versus correlation: the role of local constraints in real multiplexes. Scientifc reports 5, 9120(2015).

[248] Cozzo, E. et al. Structure of triadic relations in multiplex networks. New Journal of Physics 17, 073029(2015).

[249] Solá, L. et al. Eigenvector centrality of nodes in multiplex networks. Chaos 23, 033131(2013).

[250] Halu, A., Mondragón, R. J., Panzarasa, P. & Bianconi, G. Multiplex pagerank. PloS one 8, e78293(2013).

[251] Iacovacci, J., Rahmede, C., Arenas, A. & Bianconi, G. Functional multiplex pagerank. EPL(Europhysics Letters)116, 28004(2016).

[252] Rahmede, C., Iacovacci, J., Arenas, A. & Bianconi, G. Centralities of nodes and infuences of layers in large multiplex networks. Journal of Complex Networks 6, 733–752(2017).

[253] Taylor, D., Myers, S. A., Clauset, A., Porter, M. A. & Mucha, P. J. Eigenvector–based centrality measures for temporal networks. Multiscale Modeling & Simulation 15, 537–574(2017).

[254] Solé–Ribalta, A., De Domenico, M., Gómez, S. & Arenas, A. Centrality rankings in multiplex networks. In Proceedings of the 2014 ACM conference on Web science, 149–155(ACM, 2014).

[255] Brin, S. & Page, L. The anatomy of a large-scale hypertextual web search engine. Computer networks and ISDN systems 30, 107–117(1998).

[256] Carmi, S., Havlin, S., Kirkpatrick, S., Shavitt, Y. & Shir, E. A model of internet topology using k-shell decomposition. PNAS 104, 11150–11154(2007).

[257] Azimi-Tafreshi, N., Gómez-Gardenes, J. & Dorogovtsev, S. k-core percolation on multiplex networks. Physical Review E 90, 032816(2014).

[258] Freeman, L. C. Centrality in social networks conceptual clarifcation. Social networks 1, 215–239(1978).

[259] Opsahl, T., Agneessens, F. & Skvoretz, J. Node centrality in weighted networks: Generalizing degree and shortest paths. Social networks 32, 245–251(2010).

[260] Kalir, S. et al. Ordering genes in a fagella pathway by analysis of expression kinetics from living bacteria. Science 292, 2080–2083(2001).

[261] Milo, R. et al. Network motifs: simple building blocks of complex networks. Science 298, 824–827(2002).

[262] Yeger-Lotem, E. et al. Network motifs in integrated cellular networks of transcription-regulation and protein-protein interaction. PNAS 101, 5934–5939(2004).

[263] Milo, R. et al. Superfamilies of evolved and designed networks. Science 303, 1538–1542(2004).

[264] Wernicke, S. & Rasche, F. Fanmod: a tool for fast network motif detection. Bioinformatics 22, 1152–1153(2006).

[265] Kossinets, G. & Watts, D. J. Empirical analysis of an evolving social network. science 311, 88–90(2006).

[266] Grassberger, P. Percolation transitions in the survival of interdependent agents on multiplex networks, catastrophic cascades, and solid-on-solid surface growth. Physical Review E 91, 062806(2015).

[267] Stella, M., Beckage, N. M., Brede, M. & De Domenico, M. Multiplex model of mental lexicon reveals explosive learning in humans. Scientifc Reports

8, 2259(2018).

[268] Holland, P. W., Laskey, K. B. & Leinhardt, S. Stochastic blockmodels: First steps. Social networks 5, 109–137(1983).

[269] Snijders, T. A. & Nowicki, K. Estimation and prediction for stochastic blockmodels for graphs with latent block structure. Journal of Classifcation 14, 75–100(1997).

[270] Nowicki, K. & Snijders, T. A. B. Estimation and prediction for stochastic blockstructures. Journal of the American Statistical Association 96, 1077–1087(2001).

[271] Airoldi, E. M., Blei, D. M., Fienberg, S. E. & Xing, E. P. Mixed membership stochastic blockmodels. Journal of Machine Learning Research 9, 1981–2014(2008).

[272] Goldenberg, A., Zheng, A. X., Fienberg, S. E., Airoldi, E. M. et al. A survey of statistical network models. Foundations and Trends® in Machine Learning 2, 129–233(2010).

[273] Qin, T. & Rohe, K. Regularized spectral clustering under the degreecorrected stochastic blockmodel. In Advances in Neural Information Processing Systems, 3120–3128(2013).

[274] Anandkumar, A., Ge, R., Hsu, D. & Kakade, S. M. A tensor approach to learning mixed membership community models. The Journal of Machine Learning Research 15, 2239–2312(2014).

[275] Esquivel, A. V. & Rosvall, M. Compression of fow can reveal overlappingmodule organization in networks. Physical Review X 1, 021025(2011).

[276] Fortunato, S. Community detection in graphs. Physics reports 486, 75–174(2010).

[277] Bazzi, M. et al. Community detection in temporal multilayer networks, with an application to correlation networks. Multiscale Modeling and Simulation: A SIAM Interdisciplinary Journal 14, 1–41(2016).

[278] Bazzi, M. et al. Community detection in temporal multilayer networks, with an application to correlation networks. Multiscale Modeling & Simulation 14, 1–41(2016).

[279] Gauvin, L., Panisson, A. & Cattuto, C. Detecting the community structure and activity patterns of temporal networks: a non–negative tensor factorization approach. PloS one 9, e86028(2014).

[280] Valles–Catala, T., Massucci, F. A., Guimera, R. & Sales–Pardo, M. Multilayer stochastic block models reveal the multilayer structure of complex networks. Physical Review X 6, 011036(2016).

[281] Taylor, D., Shai, S., Stanley, N. & Mucha, P. J. Enhanced Detectability of Community Structure in Multilayer Networks through Layer Aggregation. Physical Review Letters 116, 228301(2016).

[282] Taylor, D., Caceres, R. S. & Mucha, P. J. Super–Resolution Community Detection for Layer–Aggregated Multilayer Networks. Physical Review X 7, 031056(2017).

[283] Rosvall, M., Esquivel, A. V., Lancichinetti, A., West, J. D. & Lambiotte, R. Memory in network fows and its efects on spreading dynamics and community detection. Nature Communications 5, 4630(2014).

[284] Salnikov, V., Schaub, M. T. & Lambiotte, R. Using higher–order markov models to reveal fow–based communities in networks. Scientifc reports 6, 23194(2016).

[285] Lambiotte, R., Rosvall, M. & Scholtes, I. Understanding complex systems: From networks to optimal higher–order models. Preprint arXiv:1806.05977(2018).

[286] Aicher, C., Jacobs, A. Z. & Clauset, A. Learning latent block structure in weighted networks. Journal of Complex Networks 3, 221–248(2015).

[287] Szell, M., Lambiotte, R. & Thurner, S. Multirelational organization of large–scale social networks in an online world. PNAS 107, 13636–13641(2010).

[288] Pomeroy, C., Dasandi, N. & Mikhaylov, S. J. Multiplex communities

and the emergence of international confict. PloS one 14, e0223040(2019).

[289] Aleta, A., Tuninetti, M., Paolotti, D., Moreno, Y. & Starnini, M. Link prediction in multiplex networks via triadic closure. Physical Review Research 2, 042029(2020).

[290] Gallotti, R. & Barthelemy, M. Anatomy and efciency of urban multimodal mobility. Scientifc Reports 4, 1–9(2014).

[291] Didier, G., Brun, C. & Baudot, A. Identifying communities from multiplex biological networks. PeerJ 3, e1525(2015).

[292] Halu, A., De Domenico, M., Arenas, A. & Sharma, A. The multiplex network of human diseases. NPJ systems biology and applications 5, 1–12(2019).

[293] Choobdar, S. et al. Assessment of network module identifcation across complex diseases. Nature methods 16, 843–852(2019).

[294] Valdeolivas, A. et al. Random walk with restart on multiplex and heterogeneous biological networks. Bioinformatics 35, 497–505(2019).

[295] De Domenico, M., Sasai, S. & Arenas, A. Mapping multiplex hubs in human functional brain networks. Frontiers in neuroscience 10, 326(2016).

[296] Yu, M. et al. Selective impairment of hippocampus and posterior hub areas in alzheimer's disease: an meg–based multiplex network study. Brain 140, 1466–1485(2017).

[297] Battiston, F., Nicosia, V., Chavez, M. & Latora, V. Multilayer motif analysis of brain networks. Chaos: An Interdisciplinary Journal of Nonlinear Science 27, 047404(2017).

[298] Frolov, N. S. et al. Macroscopic chimeralike behavior in a multiplex network. Physical Review E 98, 022320(2018).

[299] Buldú, J. M. & Porter, M. A. Frequency–based brain networks: From a multiplex framework to a full multilayer description. Network Neuroscience 2, 418–441(2018).

[300] Lim, S., Radicchi, F., van den Heuvel, M. P. & Sporns, O. Discordant

attributes of structural and functional brain connectivity in a two-layer multiplex network. Scientifc reports 9, 1–13(2019).

[301] De Domenico, M., Nicosia, V., Arenas, A. & Latora, V. Structural reducibility of multilayer networks. Nature Communications 6, 6864(2015).

[302] Passerini, F. & Severini, S. Quantifying complexity in networks: the von neumann entropy. International Journal of Agent Technologies and Systems 1, 58–67(2009).

[303] De Domenico, M. & Biamonte, J. Spectral entropies as informationtheoretic tools for complex network comparison. Physical Review X 6, 041062(2016).

[304] Boguna, M., Krioukov, D. & Clafy, K. C. Navigability of complex networks. Nature Physics 5, 74(2009).

[305] Muscoloni, A. & Cannistraci, C. V. Navigability evaluation of complex networks by greedy routing efciency. Proceedings of the National Academy of Sciences 116, 1468–1469(2019).

[306] Kamada, T., Kawai, S. et al. An algorithm for drawing general undirected graphs. Information processing letters 31, 7–15(1989).

[307] Fruchterman, T. M. & Reingold, E. M. Graph drawing by force-directed placement. Software: Practice and experience 21, 1129–1164(1991).

[308] Martin, S., Brown, W. M. & Wylie, B. N. Drl: Distributed recursive(graph)layout. Tech. Rep., Sandia National Laboratories(2007).

代码片段

2.1 边颜色图	2.2 边颜色图 – 热力图	3.1 层 – 层相关性	3.2 Overlapping 生成
3.3 配置模型生成	4.1 通用性测度	4.2 边颜色路径	4.3 边颜色路径耦合
4.4 多层模体	4.5 传递性	5.1 连通分量	5.2 社区探测
5.3 结构简化	6.1 覆盖率